I0131452

Hamadoun Maïga

Mesures p-adiques et suites classiques de nombres

Hamadoun Maïga

Mesures p-adiques et suites classiques de nombres

Congruences et identités pour certaines suites classiques de nombres

Presses Académiques Francophones

Impressum / Mentions légales
Bibliografische Information der Deutschen Nationalbibliothek: Die Deutsche Nationalbibliothek verzeichnet diese Publikation in der Deutschen Nationalbibliografie; detaillierte bibliografische Daten sind im Internet über http://dnb.d-nb.de abrufbar.
Alle in diesem Buch genannten Marken und Produktnamen unterliegen warenzeichen-, marken- oder patentrechtlichem Schutz bzw. sind Warenzeichen oder eingetragene Warenzeichen der jeweiligen Inhaber. Die Wiedergabe von Marken, Produktnamen, Gebrauchsnamen, Handelsnamen, Warenbezeichnungen u.s.w. in diesem Werk berechtigt auch ohne besondere Kennzeichnung nicht zu der Annahme, dass solche Namen im Sinne der Warenzeichen- und Markenschutzgesetzgebung als frei zu betrachten wären und daher von jedermann benutzt werden dürften.

Information bibliographique publiée par la Deutsche Nationalbibliothek: La Deutsche Nationalbibliothek inscrit cette publication à la Deutsche Nationalbibliografie; des données bibliographiques détaillées sont disponibles sur internet à l'adresse http://dnb.d-nb.de.
Toutes marques et noms de produits mentionnés dans ce livre demeurent sous la protection des marques, des marques déposées et des brevets, et sont des marques ou des marques déposées de leurs détenteurs respectifs. L'utilisation des marques, noms de produits, noms communs, noms commerciaux, descriptions de produits, etc, même sans qu'ils soient mentionnés de façon particulière dans ce livre ne signifie en aucune façon que ces noms peuvent être utilisés sans restriction à l'égard de la législation pour la protection des marques et des marques déposées et pourraient donc être utilisés par quiconque.

Coverbild / Photo de couverture: www.ingimage.com

Verlag / Editeur:
Presses Académiques Francophones
ist ein Imprint der / est une marque déposée de
AV Akademikerverlag GmbH & Co. KG
Heinrich-Böcking-Str. 6-8, 66121 Saarbrücken, Deutschland / Allemagne
Email: info@presses-academiques.com

Herstellung: siehe letzte Seite /
Impression: voir la dernière page
ISBN: 978-3-8381-7301-6

Copyright / Droit d'auteur © 2012 AV Akademikerverlag GmbH & Co. KG
Alle Rechte vorbehalten. / Tous droits réservés. Saarbrücken 2012

UNIVERSITÉ DE BAMAKO
Faculté des Sciences et Techniques

THÈSE

présentée pour obtenir le grade de

DOCTEUR DE L'UNIVERSITÉ DE BAMAKO

Spécialité: Mathématiques

par **MAÏGA Hamadoun**

TITRE:

MESURES p-ADIQUES ET SUITES CLASSIQUES DE NOMBRES

Soutenue publiquement le 24 mars 2011 devant la commission d'examen

Ibrahim FOFANA,	Président
Bertin DIARRA,	Directeur
Gaoussou TRAORÉ,	co-Directeur
Youssouf DIAGANA,	Examinateur
Niamanto DIARRA,	Examinateur
Alain ESCASSUT,	Examinateur
Gilles CHRISTOL,	Rapporteur
Alain SALINIER,	Rapporteur

REMERCIEMENTS

Je tiens en premier lieu à exprimer toute ma reconnaissance et ma profonde gratitude envers mon directeur de thèse Monsieur Bertin DIARRA pour la bienveillance avec laquelle il m'a guidé et pour les conseils et les encouragemments qu'il m'a prodigués durant toute la préparation de cette thèse. Outre sa grande culture générale et mathématique, j'ai apprécié tout particulièrement sa patience, sa rigueur scientifique ainsi que sa grande disponibilité.

Je remercie Monsieur Gaoussou TRAORÉ pour avoir accepté de co-diriger cette thèse.

Je suis très sensible à l'honneur que m'ont fait Monsieur Gilles CHRISTOL et Monsieur Alain SALINIER d'avoir consacré une partie de leur temps pour l'examen de ce travail et en être les rapporteurs. Je suis très reconnaissant à Monsieur Youssouf DIAGANA, Monsieur Niamanto DIARRA, Monsieur Alain ESCASSUT et Monsieur Ibrahim FOFANA d'avoir accepté de prendre part à ce jury.

Je voudrais adresser un remerciement à tous les membres du Laboratoire de Mathématiques de l'Université Blaise Pascal et plus particulièrement aux secrétaires Madame Noelle ROUGANE qui a pris sa retraite, Madame Marie-Paule BRESSOULALY et Madame Valérie SOURLIER, à Monsieur Michael HEUSENER l'actuel Directeur du Laboratoire et son prédécesseur à ce poste Monsieur Youcef AMIRAT et aussi à tous les membres de l'équipe de Théorie des nombres et Analyse.

Je remercie Monsieur Mamadou Kaba TRAORÉ de l'ISIMA-Université Blaise Pascal pour ses soutiens multiformes, sans oublier son épouse pour son hospitalité et sa convivialité manifestées pendant mes nombreuses visites à Clermont-Ferrand.

Je remercie également mes camarades thésards passés ou présents en particulier Aïssata ADAMA, Hamédou DIAKITÉ, Domion DOUYON, Moustapha HAÏJA, Boubacar HAMA, Seydou KEÏTA, Sagaïdou Mohamed LAMINE, Tongobé MOUNKORO, Jacqueline OJEDA, Marie Françoise OUÉDRAOGO, Moumine SANOGO, Djeïdi SYLLA, Monzon TRAORÉ et Sinaly TRAORÉ.

Un grand merci à tous mes collègues du DER de Mathématiques et d'Informatique de la Faculté des Sciences et Techniques de l'Université de Bamako et en particulier à Fana TANGARA pour de multiples raisons parmi lesquelles le fait de m'avoir associé à son projet financé par le SCAC (projet qui a donné une impulsion nouvelle à mes recherches), à Monsieur Ouaténi DIALLO pour le dynamisme qu'il a su insufflé au DER en sa qualité de chef de ce département et sans oublier le chérif Ibrahima AMADOU dont les conseils m'ont été et continuent d'être d'une très grande utilité.

Je rémercie les institutions ci-après qui m'ont aidé et accompagné dans la réalisation de cette thèse :
  – L'Université de Bamako à travers le Programme de Formation de Formateurs (PFF) ;
  – L'Université Blaise Pascal-Clermont Ferrand à travers le Laboratoire de Mathématiques de l'UFR Sciences et Technologies ;
  – L'Ambassade de France à travers le SCAC.

Je ne saurai terminer sans rémercier ceux qui ont contribué à la participation, par visio-conférence, des membres du Jury réunis à Clermont-Ferrand. Il s'agit :
  – du Campus Numérique Francophone de Bamako et particulièrment son Directeur, Monsieur Michel NAMAR, pour nous avoir mis à disposition la salle et les matériels de visio-conférence ;
  – de Monsieur Emmanuel ROYER que je remercie pour sa disponibilité et son assistance technique apportée dans l'organisation de la visio-conférence ;
  – le réseau RAMSES (Réseau Africain pour la Mutualisation et le Soutien des pôles d'Excellence Scientifiques), pour son appui financier dans l'organisation de la visio-conférence.

Pour finir, un grand merci à toute ma famille, mes amis et connaissances et à tous ceux qui d'une façon ou d'une autre m'ont encouragé et motivé tout au long de ce travail.

TABLE DES MATIÈRES

INTRODUCTION

A.F. Monna et T.A. Springer [26] ont construit une théorie de l'intégration non-archimédienne en étudiant les mesures définies sur un espace topologique localement σ-compact X de dimension zéro. En analyse non archimédienne, les seules mesures σ-additives sont les mesures discrètes. Ainsi, l'hypothèse de σ-additivité n'est pas une condition fructueuse pour la construction de la théorie de l'intégration dans le cas non-archimédien.

La théorie de l'intégration non archimédienne dûe à A.F. Monna et T.A. Springer est une adaptation de l'approche de N. Bourbaki au cas p-adique, où une intégrale est définie comme une fonctionnelle linéaire sur l'espace des fonctions continues à support compact (la(es) norme(s) uniforme(s) sur les parties compactes joue(nt) un rôle essentiel dans cette construction). Le choix de l'espace fonctionnel implique que X doit être localement compact (tout point de X admet une base de voisinages compacts). W. H. Schikhof et A.C.M. van Rooij (cf. par exemple [29, 34]) ont proposé une généralisation de la théorie de Monna-Springer pour les espaces qui ne sont pas σ-compacts. La propriété de σ-compacité, c'est-à-dire, $X = \bigcup_{n=1}^{\infty} X_n$, où chaque X_n est un ensemble compact, est la condition technique pour étendre la théorie de l'intégration d'un ensemble compact à l'ensemble X. La propriété la plus importante est que X est un espace topologique de dimension zéro, c'est-à-dire, chaque point de X admet une base de voisinages d'ouverts fermés. Puisque X est localement compact ces voisinages peuvent être choisis compacts.

D'autre part, depuis longtemps beaucoup d'études sont menées (et certaines sont toujours en cours) par rapport aux propriétés des nombres tels que, ceux de Bernoulli, d'Euler et de Genocchi, par le biais de l'intégration p-adique (cf. par exemple [17, 31, 35]).

Soit U_p le groupe multiplicatif des unités p-adiques c'est-à-dire l'ensemble des éléments inversibles de l'anneau des entiers p-adiques $\mathbb{Z}_p$. Soit $\mu_{1,\alpha}$ la mesure de Bernoulli régularisée de rang 1 normalisée par $\alpha \in U_p$. Les fonctions zeta p-adiques, notées $\zeta_{p,j}$, sont définies pour $j \in \{0, 1, \ldots, p-2\}$ tel que $\alpha^j \not\equiv 1 \pmod{p}$ et $s \in \mathbb{Z}_p \setminus \{0\}$ ou pour $j = 0$ et $s \neq 0$ par :

$$\zeta_{p,j}(s) = \frac{1}{\alpha^{-(j+(p-1)s)} - 1} \int_{U_p} t^{j+(p-1)s-1} d\mu_{1,\alpha}(t).$$

Les valeurs aux entiers négatifs de ces fonctions recèlent une quantité importante d'informations sur les propriétés arithmétiques des nombres de Bernoulli que l'on retrouve dans toutes les branches des mathématiques. En effet, pour chaque j fixé, $\zeta_{p,j}$ est une fonction continue indépendante de α telle que $\zeta_{p,j}(\frac{k-j}{p-1}) = -(1-p^{k-1})\frac{B_k}{k}$, où l'on a posé $k = j + (p-1)s$. En fait, ces fonctions sont construites explicitement de manière à ne pas dépendre du paramètre α. L'idée de la construction de ces fonctions ne fait référence à aucun moment à l'espace des fonctions p-adiques intégrables par rapport aux mesures de Bernoulli $\mu_{1,\alpha}$, les fonctions à intégrer étant déjà continues.

Il nous est donc paru naturel de déterminer l'espace des fonctions intégrables par rapport aux mesures de Bernoulli $\mu_{1,\alpha}$, en utilisant la théorie de l'intégration non-archimédienne dûe à A.F. Monna et T.A. Springer. Les fonctions à intégrer sont des fonctions f de $\mathbb{Z}_p$ à valeurs dans un sur-corps valué complet K du corps des nombres p-adiques $\mathbb{Q}_p$.

Le présent travail comporte trois chapitres.

Le premier chapitre porte sur la détermination des espaces de fonctions intégrables par rapport aux mesures de Bernoulli $\mu_{1,\alpha}$.

Lorsque $\alpha = -1$, nous montrons que $\mu_{1,-1} = -\delta_0$, où δ_0 est la mesure de Dirac en zéro ; ainsi toutes les fonctions $f : \mathbb{Z}_p \longrightarrow K$ sont $\mu_{1,\alpha}$-intégrables.

Soit $\alpha^\star = \alpha_0 + bp$ une unité p-adique qui n'est pas un entier tel que $\alpha_0 \in \{2, 3 \ldots, p-1\}$ avec $v_p(\alpha - \alpha_0) = 1$. Pour α distinct de -1, 1 et des $\alpha^\star$, nous démontrons que l'espace des fonctions $\mu_{1,\alpha}$-intégrables est égal à l'espace des fonctions continues $\mathcal{C}(\mathbb{Z}_p, K)$. Dans ce cas, les fonctions Riemann μ-intégrables (cf. Katsaras [16]) coïncident avec les fonctions μ-intégrables lorsque $\mu = \mu_{1,\alpha}$.

Le cas où $\alpha = \alpha^\star$ est un cas non encore résolu.

Vers la fin de ce chapitre, appliquant le critère d'inversibilité des séries formelles à coefficients bornés (cf. par exemple [9]) nous étudions les conditions d'inversibilité des mesures $\mu_{1,\alpha}$.

Nous démontrons d'abord que $\|\mu_{1,\alpha}\| = 1$ si et seulement si $\alpha \neq 1$, puis, que $\mu_{1,\alpha}$ est inversible dans $M(\mathbb{Z}_p, K)$ (l'algèbre des mesures sur $\mathbb{Z}_p$ à valeurs dans le sur-corps valué complet K de $\mathbb{Q}_p$) si et seulement si :

 – $\alpha \not\equiv 1 \pmod{p}$, lorsque p est un nombre premier impair ;
 – $\alpha \not\equiv 1 \pmod{4}$, lorsque $p = 2$

Enfin, dans le cas où $\mu_{1,\alpha}$ est inversible, nous donnons l'expression de son inverse sous forme de série faiblement convergente.

Au chapitre 2, nous donnons les congruences de Kummer associées aux moments de la mesure $\mu(p) = \sum_{\alpha^{p-1}=1} \mu_{1,\alpha}$, lorsque p est un nombre premier ≥ 5 fixé. Signalons que ces congruences de Kummer obtenues pour les nombres de Bernoulli résultent d'une propriété déjà connue pour les moments de mesures p-adiques (cf. par exemple L. Van Hamme [33]).

Nous donnons ensuite quelques formules autour des mesures $\mu(p) = \sum_{\alpha^{p-1}=1} \mu_{1,\alpha}$, en exploitant différentes écritures de la série génératrice exponentielle de leurs moments. Plus précisement nous donnons la somme de certaines séries convergentes dans $\mathbb{Q}_p((y))$ (le corps des séries formelles de Laurent à coefficients dans $\mathbb{Q}_p$) dont les coefficients sont liés aux nombres de Bernoulli. Par exemple, on a l'égalité suivante :

$$\sum_{j\geq 0} \frac{B_{4j}}{(4j)!} y^{4j} = \frac{y}{4}\left(\coth\frac{y}{2} + \cotg\frac{y}{2}\right),$$

valable dans $\mathbb{Q}((y))$. En fait on a en général :

$$\sum_{j\geq 0} \frac{B_{j(p-1)}}{(j(p-1))!} y^{j(p-1)} = \frac{1}{p-1}\sum_{j=0}^{p-2} \frac{\zeta_p^j y}{2} \coth\frac{\zeta_p^j y}{2},$$

lorsque p est un nombre premier ≥ 5, où $\zeta_p = \varpi(a_0)$ est une racine primitive $(p-1)$-ième de l'unité, représentant de Teichmüller de $a_0 \in \{2,\cdots,p-1\}$ tel que $\bar{a}_0$ est une racine primitive de l'unité dans le groupe des unités $\mathbb{F}_p^*$ du corps fini à p éléments $\mathbb{F}_p = \mathbb{Z}/p\mathbb{Z}$.

Comme pour les mesures $\mu_{1,\alpha}$, après avoir calculé sa norme, nous démontrons, pour $p \geq 5$ fixé, que la mesure $\mu(p)$ est inversible (pour le produit de convolution) dans $M(\mathbb{Z}_p, K)$ et nous donnons ensuite son inverse sous forme de série faiblement convergente.

N. De Grande De Kimpe et A. Yu. Khrennikov [5, 6] ont étudié la transformation de Laplace p-adique, en utilisant une approche largement inspirée de la théorie des distributions en analyse réelle. Les résultats qu'ils ont obtenus sont appliqués aux équations différentielles à coefficients constants.

Nous abordons ce thème dans le chapitre 3 de ce travail, avec une approche différente de celle de De Grande De Kimpe et A. Yu. Khrennikov, en vue d'une application aux suites de nombres.

Dans la première partie de ce chapitre, nous étudions essentiellement quelques généralités de la transformation de Laplace.

Si $\mu \in M(\mathbb{Z}_p, K)$, la transformation de Laplace de μ, notée $\mathcal{L}_p(\mu)$, une fonction analytique bornée sur le disque ouvert $\mathcal{E}_p = \{x \in K, |x| < \rho\}$, où $\rho = |p|^{\frac{1}{p-1}}$ est le rayon de convergence p-adique de l'exponentielle. Elle correspond à la série génératrice exponentielle des moments de μ ; ainsi, $\mathcal{L}_p$ est une transformation intégrale intimement liée au problème des moments p-adiques tel que décrit par L. Van Hamme dans [33].

L'application $\mathcal{L}_p : M(\mathbb{Z}_p, K) \longrightarrow \mathcal{A}_b(\mathcal{E}_p)$ est un homomorphisme injectif et continu de K-algèbres de Banach, où $\mathcal{A}_b(\mathcal{E}_p)$ est l'algèbre des fonctions analytiques bornées $f = \sum_{n\geq 0} a_n x^n$ sur $\mathcal{E}_p$, munie de la norme $\|f\|_\rho = \sup_{n\geq 0}|a_n|\rho^n$. L'application $\mathcal{L}_p$ n'étant pas surjective, certaines suites classiques de nombres $(a_n)_{n\geq 0}$ vérifiant $\sup_{n\geq 0}|a_n|\rho^n < +\infty$, comme par exemple celle formée des nombres de Bernoulli, ne sont pas les moments de mesures p-adiques sur $\mathbb{Z}_p$. Toutefois, notons que les nombres de Bernoulli sont des moments pour l'intégrale de Volkenborn.

La deuxième partie de ce chapitre est consacrée entièrement à quelques applications de la transformation de Laplace à certaines suites de nombres parmi lesquelles : les nombres d'Euler, de Genocchi, de Fubini, de Stirling de deuxième espèce...Toutes ces suites de nombres sont obtenues comme étant les moments de mesures p-adiques appropriées. Aussi, nous définissons et étudions certaines propriétés de la suite $(d_n)_{n\geq 0}$ liée aux nombres d'Euler $(E_n)_{n\geq 0}$, par la relation

$$2E_{2n} = d_{2n} - \sum_{j=1}^{n-1} \binom{2n}{2j} E_{2j} d_{2n-2j}, \text{ si } n \geq 2.$$

En se servant de certaines propriétés de cette suite $(d_n)_{n\geq 0}$, nous démontrons que les nombres d'Euler d'indices pairs sont des entiers impairs, et pour $p = 2$ nous démontrons les congruences suivantes :

$$2(E_{2n} - E_{2m}) \equiv - \sum_{j=m+1}^{n-1} \binom{2n}{2j} E_{2j} d_{2n-2j} \pmod{2^{k+1}},$$

valables lorsque k et m sont des entiers tels que $k \geq 1$ et $2 \leq m \leq 2^k + 1$ et pour tout entier $n \geq 1$ tel que $2n \equiv 2m \pmod{2^{2k}}$.

Notons que, la plupart des congruences que nous obtenons pour les nombres et les polynômes d'Euler sont proches de celles obtenues par P.T. Young [36] sur les nombres de Bernoulli, d'Euler et de Stirling.

Certains des résultats contenus dans la présente thèse ont fait l'objet d'exposés au séminaire de Théorie des Nombres du Laboratoire de Mathématiques de l'Université Blaise Pascal de Clermont-Ferrand, au séminaire de Mathématiques du D.E.R de Mathématiques et d'informatique de la Faculté des Sciences et Techniques de l'Université de Bamako avec les intitulés suivants :
– *Fonctions p-adiques intégrables par rapport aux mesures de Bernoulli de rang 1* (en utilisant la théorie de l'intégration p-adique dûe à Monna et Springer) ;
– *Quelques formules autour des mesures* $\mu(p) = \sum\limits_{\alpha^{p-1}=1} \mu_{1,\alpha}$;
– *Congruences et identités pour les nombres de Fubini* ;
– *Congruences et identités pour les nombres et les polynômes d'Euler.*

Nous avons procédé à la rédaction sous forme d'article des résultats obtenus sur les fonctions intégrables par rapport aux mesures de Bernoulli normalisées de rang 1. Cette rédaction a été acceptée et publiée aux " Annales Mathématiques Blaise Pascal [24] sous le titre :

Integrable functions for Bernoulli measures of rank 1.

Les congruences que nous avons obtenues sur les nombres et les polynômes d'Euler renforcent à bien des égards celles obtenues par d'autres auteurs. La rédaction que nous en avons faite a été publiée en juillet 2010 au "Journal of Number Theory " [25] sous l'intitulé :

Some identities and congruences concerning Euler numbers and polynomials.

Les recherches que nous avons conduites sur les nombres de Genocchi ont abouti à l'établissement d'identités et de congruences les concernant. Et cela a donné lieu à la communication : *"Identities and congruences for Genocchi numbers"* lors de la 11eme conférence internationale d'Analyse p-adique à Clermont-Ferrand (France) - 05-09 juillet 2010. Cette communication à été acceptée pour publication dans les actes de la conférence.

Notons également que nous avons fait, au sixième Symposium Malien sur les Sciences Appliquées" qui s'est tenu à Bamako du 1er au 07 août 2010, une communication intitulée *"Some identities and congruences for Stirling numbers of second kind"*.

Rappels de quelques définitions et notations.

Définition 0.0.1. *Soit K un corps.*
Une valeur absolue sur K est une application $|\cdot| : K \longrightarrow \mathbb{R}_+$ vérifiant :

1. $|x| = 0 \iff x = 0$;
2. $|xy| = |x||y|$, $\quad \forall(x, y) \in K^2$;
3. $|x + y| \leq |x| + |y|$, $\quad \forall(x, y) \in K^2$ *(inégalité triangulaire)*.

Si de plus, la valeur absolue vérifie la condition

$$|x + y| \leq \max(|x|, |y|), \quad \forall(x, y) \in K^2 \quad \text{(inégalité triangulaire ultramétrique)}$$

plus forte que la condition 3., alors la valeur absolue est dite ultramétrique.

Posant pour $a, b \in K$, $d(a, b) = |a - b|$, on définit une distance sur K. Dans le cas d'une valeur absolue ultramétrique, on a

$$d(a, c) \leq \max\left(d(a, b), d(b, c)\right), \quad \forall a, b, c \in K.$$

De plus, lorsque K muni de cette distance est un espace métrique complet, on dit que K est un corps valué ultramétrique (ou non-archimédien) complet.

Soit p un nombre premier. Considérons pour un entier $n \neq 0$, $v_p(n)$ le plus grand entier tel que $p^{v_p(n)}$ divise n, c'est-à-dire $n = p^{v_p(n)}n'$ avec $(n', p) = 1$. Pour $a = \dfrac{m}{n} \in \mathbb{Q}$, posant $v_p(a) = v_p(m) - v_p(n)$, on vérifie que $v_p(a)$ est indépendant de la représentation de a en fraction.

Définition 0.0.2. *Posons $v_p(0) = +\infty$; l'application $v_p : \mathbb{Q} \longrightarrow \mathbb{Z} \cup \{+\infty\}$ est une valuation de $\mathbb{Q}$, c'est-à-dire v_p satisfait aux axiomes suivants :*
- $v_p(a) = +\infty \iff a = 0$;
- $v_p(ab) = v_p(a) + v_p(b)$;
- $v_p(a + b) \geq \min(v_p(a), v_p(b))$.

Posant $|0|_p = 0$ et pour $a \in \mathbb{Q}$, $a \neq 0$, $|a|_p = p^{-v_p(a)}$, on montre que $|\ |_p$ est une valeur absolue ultramétrique sur $\mathbb{Q}$.

On dit que v_p (resp. $|\ |_p$) est la valuation p-adique (resp. la valeur absolue p-adique) de $\mathbb{Q}$.

Toute valeur absolue non triviale $|\ |$ sur $\mathbb{Q}$ est équivalente soit à $|\ |_p$ pour un nombre premier p, soit à la valeur absolue usuelle notée $|\ |_\infty$ (Théorème d'Ostrowski).

Définition 0.0.3. *Soit p un nombre premier.*
Le complété $\mathbb{Q}_p = \widehat{(\mathbb{Q}, |\ |_p)}$ est appelé le corps des nombres p-adiques. Son anneau des entiers $\mathbb{Z}_p = \{a \in \mathbb{Q}_p, |a|_p \leq 1\}$ est l'anneau des entiers p-adiques.

Dans la suite, on pose $|\ |_p = |\ |$.

Tout élément a de $\mathbb{Q}_p$ admet un développement unique (appelé **développement de Hensel**) sous forme de série convergente dans $\mathbb{Q}_p$: $a = \sum_{n \geq j_0} a_n p^n$, où $j_0 = v_p(a)$ et $0 \leq a_n \leq p - 1$ pour tout entier $n \geq j_0$.

L'anneau des entiers p-adiques $\mathbb{Z}_p$ est égal à l'ensemble des séries de la forme $a = \sum_{n \geq 0} a_n p^n$ et $\mathbb{N}$ est dense dans $\mathbb{Z}_p$. De plus $\mathbb{Z}_p$ est un anneau local principal, d'idéal maximal $p\mathbb{Z}_p$ et de corps résiduel $\mathbb{F}_p = \mathbb{Z}_p/p\mathbb{Z}_p$.

Notant $U_p = \{a \in \mathbb{Q}_p, \quad |a| = 1\}$ le groupe des unités p-adiques, on a $\mathbb{Z}_p = U_p \cup p\mathbb{Z}_p$ et on a les partitions $\mathbb{Z}_p = \bigcup_{j=0}^{p-1}(j + p\mathbb{Z}_p)$ et $U_p = \bigcup_{j=1}^{p-1}(j + p\mathbb{Z}_p)$.

Théorème 0.0.1 (Lemme de Hensel).
Soient $P \in \mathbb{Z}_p[X]$ et $a \in \mathbb{Z}_p$ tels que $P(a) \equiv 0 \pmod{p\mathbb{Z}_p}$ c'est-à-dire $|P(a)| \leq p^{-1}$.
Si l'on a $|P'(a)| = 1$, il existe une racine simple et unique $\eta = \eta_a$ de P dans $\mathbb{Z}_p$ telle que

$$\eta \equiv a \pmod{p\mathbb{Z}_p} \text{ et } |P'(\eta)| = |P'(a)| = 1.$$

Définition 0.0.4. *Soit K un corps valué.*
Soit E un K-espace vectoriel. Une norme sur E est une application $\|\ \| : E \longrightarrow \mathbb{R}_+$ vérifiant :

    i. $\|x\| = 0 \Longleftrightarrow x = 0$;

    ii. $\|\lambda x\| = |\lambda|\,\|x\|, \quad \forall(\lambda,\ x) \in E \times K$;

    iii. $\|x + y\| \leq \|x\| + \|y\|, \quad \forall(x,\ y) \in E^2$ (inégalité triangulaire).

Si au lieu de iii., on a :

    $\|x + y\| \leq \max(\|x\|, \|y\|), \forall(x, y) \in E^2$, *on dit que la norme $\|\ \|$ est ultramétrique.*
Dans ce cas, la valeur absolue de K est nécessairement ultramétrique.

Dans la suite les normes $\|\ \|$ sur les espaces vectoriels seront supposées ultramétriques. Les espaces normés ultramétriques $(E, \|\|)$ les plus importants seront des espaces complets, en d'autres termes des espaces de Banach ultramétriques.

Définition 0.0.5. *Une famille $(e_i)_{i \in I}$ est orthogonale, si pour toute partie finie J de I et toute famille $(\lambda_i)_{i \in J}$, on a $\left\|\sum_{i \in J} \lambda_i e_i\right\| = \max_{i \in J} |\lambda_i|\,\|e_i\|$.*

Si de plus $\|e_i\| = 1$ pour tout $i \in I$, alors la famille $(e_i)_{i \in I}$ est dite orthonormale.

Définition 0.0.6. *Soit E un espace de Banach ultramétrique.*

On dit que E est un espace de Banach libre s'il existe une famille orthogonale $(e_i)_{i \in I}$ telle que le sous-espace vectoriel $V = <e_i, i \in I>$ de E engendré par $(e_i)_{i \in I}$ est dense dans E.

Dans ces conditions tout élément x de E s'écrit sous forme unique de famille sommable
$$x = \sum_{i \in I} x_i e_i, \ x_i \in K.$$

Ainsi $\lim\limits_{i \in I} |x_i| \|e_i\| = 0$, la limite est prise suivant le filtre de Fréchet de I. De plus, on a $\|x\| = \sup\limits_{i \in I} |x_i| \|e_i\|$. On dit alors que la famille $(e_i)_{i \in I}$ est une base orthogonale de E.

Lorsque $\|e_i\| = 1$, $\forall i \in I$, on dit $(e_i)_{i \in I}$ est une base orthonormale.

Soit p un nombre premier. On peut montrer que la clôture algébrique $\widetilde{\mathbb{Q}}_p$ de $\mathbb{Q}_p$ munie de l'unique valeur absolue $|\ |$ prolongeant celle de $\mathbb{Q}_p$ n'est pas complet. On désigne par $\mathbb{C}_p$ le corps complété de $(\widetilde{\mathbb{Q}}_p, |\ |)$ appelé parfois le corps des nombres complexes p-adiques.

Soit $\mathbb{U}_p = \{x \in \mathbb{C}_p, |x| = 1\}$ le groupe multiplicatif des unités de $\mathbb{C}_p$. Pour $a \in \mathbb{U}_p$, notons q la plus petite puissance de p pour laquelle $\bar{a} \in \mathbb{F}_q$, où $\mathbb{F}_q$ est le corps fini à q éléments, une extension finie du corps résiduel $\mathbb{F}_p$ de $\mathbb{Q}_p$. On montre que $\varpi(a) = \lim\limits_{n \to +\infty} a^{q^n}$ existe dans $\mathbb{U}_p$. De plus, l'application $\varpi : \mathbb{U}_p \longrightarrow \mathbb{U}_p$ est telle que $\varpi(a)^q = \varpi(a)$, $\varpi(\varpi(a)) = \varpi(a)$ et $\varpi(a) \equiv 1 \pmod{p}$; $\varpi(a)$ est appelé le représentant de Teichmüller de a. Signalons que, lorsque $a \in U_p$ le groupe des unités p-adiques, on a $\varpi(a)^{p-1} = 1$.

Notations.

Dans tout ce qui suit, on désigne par :
- p un nombre premier ;
- $\mathbb{Z}$ l'anneau des entiers relatifs ;
- $\mathbb{Q}$ le corps des nombres rationnels ;
- $\mathbb{Q}((y))$ le corps des séries formelles de Laurent à coefficients dans $\mathbb{Q}$;
- $\mathbb{Q}_p$ le corps des nombres p-adiques (le complété de $\mathbb{Q}$ pour la valeur absolue p-adique) ;
- $\mathbb{Z}_p$ l'anneau des entiers p-adiques ;
- v_p la valuation p-adique normalisée de $\mathbb{Q}_p$;
- K un corps valué ultramétrique complet ;
- X un espace compact totalement discontinu ;
- $\Omega(X)$ l'algèbre de Boole des sous-ensembles ouverts et fermés de X ;
- χ_U la fonction caractéristique de U, laquelle est une fonction continue, si $U \in \Omega(X)$;
- $\mathcal{C}(X, K)$ l'algèbre de Banach des fonctions continues de X dans K muni de la norme de la convergence uniforme $\|f\|_\infty = \sup\limits_{x \in X} |f(x)|$.

Chapitre 1

1. Fonctions intégrables par rapport aux mesures de Bernoulli de rang 1.

1.1 Mesure et intégration p-adiques.

1.1.1 Mesure p-adique.

Soient X un espace compact totalement discontinu, $\Omega(X)$ l'algèbre de Boole des ouverts fermés de X et K un corps valué ultramétrique complet.

Définition 1.1.1. *On appelle distribution sur X toute application $\mu : \Omega(X) \longrightarrow K$ qui est additive, c'est-à-dire : $\mu(U \cup V) = \mu(U) + \mu(V)$, si U et V sont deux ouverts fermés disjoints de $\Omega(X)$.*

Proposition 1.1.1 (cf. [19, 22, 29]). *Soit n un entier ≥ 1 et soit X un ouvert de $\mathbb{Z}_p$. Une application $\mu : \Omega(X) \longrightarrow K$ est une distribution si et seulement si, pour toute boule fermée $a + p^n \mathbb{Z}_p \subset X$, on a :*

$$\mu\left(a + p^n \mathbb{Z}_p\right) = \sum_{j=0}^{p-1} \mu\left(a + jp^n + p^{n+1}\mathbb{Z}_p\right).$$

Définition 1.1.2. *On appelle mesure sur X, toute distribution $\mu : \Omega(X) \longrightarrow K$ qui est bornée c'est-à-dire :*

$$\|\mu\| = \sup_{V \in \Omega(X)} |\mu(V)| < +\infty. \tag{1.1}$$

L'ensemble $M(X, K)$, formé des mesures sur X, muni de l'addition usuelle des applications et du produit par un scalaire est un K-espace vectoriel. Muni de la norme définie par la relation (1.1), $M(X, K)$ est un K-espace de Banach ultramétrique.

Soit μ une mesure sur X et soit $f = \displaystyle\sum_{j=1}^{n} \lambda_j \chi_{U_j}$ une fonction localement constante ;

posant $\varphi_\mu(f) = \sum_{j=1}^{n} \lambda_j \mu(U_j)$, on définit sur l'espace $Loc(X, K)$ des fonctions localement constantes une forme linéaire continue telle que $\|\varphi_\mu\| \leq \|\mu\|$.

Puisque la forme linéaire φ_μ associée à μ est continue pour la norme uniforme sur $Loc(X, K)$ qui est un sous-espace dense de $\mathcal{C}(X, K)$, on voit que φ_μ s'étend en une unique forme linéaire continue sur $\mathcal{C}(X, K)$ (pour la même norme) et notée aussi φ_μ.

Réciproquement, si φ est une forme linéaire continue sur l'espace de Banach $\mathcal{C}(X, K)$, posant pour tout ouvert fermé $U \in \Omega(X)$: $\mu_\varphi(U) = \varphi(\chi_U)$, on définit une mesure μ_φ sur X telle que $\|\mu_\varphi\| \leq \|\varphi\|$.

Ainsi, une mesure $\mu = \mu_\varphi$ sur X correspondant à une forme linéaire continue φ sur $\mathcal{C}(X, K)$ est telle que $\varphi = \varphi_\mu$ et $\|\varphi_\mu\| = \|\mu\|$. Par conséquent, on voit que $M(X, K)$ est isométriquement isomorphe à l'espace de Banach dual $\mathcal{C}(X, K)'$ de $\mathcal{C}(X, K)$.
D'où le théorème suivant (voir par exemple Schikhof [29]) :

Théorème 1.1.2. *Pour toute forme linéaire continue φ, l'application $\mu_\varphi : \Omega(X) \longrightarrow K$ définie par $\mu_\varphi(U) = \varphi(\chi_U)$ est une mesure sur X.*
L'application $\varphi \mapsto \mu_\varphi$ est une isométrie K-linéaire de l'espace de Banach dual $\mathcal{C}(X, K)'$ de $\mathcal{C}(X, K)$ sur l'espace de Banach $M(X, K)$.

Remarque 1.1.1. Du Théorème 1.1.2, il résulte que la norme d'une mesure $\mu \in M(X, K)$ est donnée par :

$$\|\mu\| = \sup_{\substack{f \in \mathcal{C}(X, K) \\ f \neq 0}} \frac{|\langle \mu, f \rangle|}{\|f\|_\infty}. \tag{1.2}$$

Considérons $X = \mathbb{Z}_p$ et supposons que K est un sur-corps valué complet de $\mathbb{Q}_p$. Comme $\mathbb{Z}_p$ est un groupe compact, on définit un produit de convolution sur $M(\mathbb{Z}_p, K)$, noté $\star$, en posant pour $\mu, \nu \in M(\mathbb{Z}_p, K)$ et $f \in \mathcal{C}(\mathbb{Z}_p, K)$:

$$\langle \mu \star \nu, f \rangle = \langle \mu, \langle \nu, \tau_s f \rangle \rangle, \quad \text{où} \quad \tau_s f(t) = f(t + s).$$

Ainsi, lorsque $f = Q_n$ le n-ième polynôme binomial défini par $Q_0(x) = 1$ et $Q_n(x) = \binom{x}{n} = \dfrac{x(x-1)\ldots(x-n+1)}{n!}$, pour $n \geq 1$, sachant que $Q_n(s+t) = \sum_{i+j=n} Q_i(s)Q_j(t)$, on obtient $\langle \mu \star \nu, Q_n \rangle = \sum_{i+j=n} \langle \mu, Q_i \rangle \langle \nu, Q_j \rangle$. Signalons que la suite $(Q_n)_{n \geq 0}$ est une base orthonormale de $\mathcal{C}(\mathbb{Z}_p, K)$ appelée la base de Mahler.

Soit δ_a la mesure de Dirac en $a \in \mathbb{Z}_p$ et soit δ_{nm} le symbole de Kronecker.
La famille duale $(Q_n')_{n \geq 0}$ de la base $(Q_n)_{n \geq 0}$ étant telle que $\langle Q_n', Q_m \rangle = \delta_{nm}$, posant $\omega = \delta_1 - \delta_0$, on a : $\langle \omega, Q_0 \rangle = Q_0(1) - Q_0(0) = 0 = \langle Q_1', Q_0 \rangle$; $\langle \omega, Q_1 \rangle = Q_1(1) - Q_1(0) = 1 = \langle Q_1', Q_1 \rangle$ et $\langle \omega, Q_n \rangle = Q_n(1) - Q_n(0) = 0 = \langle Q_1', Q_n \rangle$, pour $n \geq 2$. Il en résulte donc que $\omega = Q_1'$.

Lorsque n, m et ℓ sont des entiers ≥ 0, on a :

$$\langle Q'_n \star Q'_m, \, Q_\ell \rangle = \sum_{i+j=\ell} \langle Q'_n, \, Q_i \rangle \langle Q'_m, \, Q_j \rangle = \langle Q'_{n+m}, \, Q_\ell \rangle \quad \Longrightarrow \quad Q'_n \star Q'_m = Q'_{n+m}.$$

Par récurrence, on obtient $Q'_n = Q'^n_1 = \omega^n$.

Soit $f = \sum_{n \geq 0} a_n Q_n \in \mathcal{C}(\mathbb{Z}_p, K)$; on a $\langle \omega^k, \, f \rangle = \sum_{n \geq 0} a_n \langle \omega^k, \, Q_n \rangle = a_k$, lorsque k est un entier ≥ 0. Ainsi, f s'écrit sous la forme $f = \sum_{n \geq 0} \langle \omega^n, \, f \rangle Q_n$. Par conséquent, si $\mu \in M(\mathbb{Z}_p, \, K)$, on a :

$$\langle \mu, \, f \rangle = \sum_{n \geq 0} \langle \omega^n, \, f \rangle \langle \mu, \, Q_n \rangle = \Big\langle \sum_{n \geq 0} \langle \mu, \, Q_n \rangle \omega^n, \, f \Big\rangle,$$

et l'on obtient l'écriture de μ en série faiblement convergente sous la forme $\mu = \sum_{n \geq 0} \langle \mu, \, Q_n \rangle \omega^n$.

En particulier, si $a \in \mathbb{Z}_p$, on a $\delta_a = \sum_{n \geq 0} \binom{a}{n} \omega^n$. Mais, si n est un entier ≥ 0, on a $\omega^n = \sum_{j=0}^{n} (-1)^{n-j} \binom{n}{j} \delta_j$; on en déduit que la famille $(\delta_n)_{n \geq 0}$ est faiblement totale dans $M(\mathbb{Z}_p, \, K)$.

Soit $a \in \mathbb{Z}_p$; si $f \in \mathcal{C}(\mathbb{Z}_p, \, K)$, on a $\dfrac{|\langle \delta_a, \, f \rangle|}{\|f\|_\infty} = \dfrac{|f(a)|}{\|f\|_\infty} \leq 1 \implies \|\delta_a\| \leq 1$. Comme $|\langle \delta_a, \, \chi_{\mathbb{Z}_p} \rangle| = 1 \leq \|\delta_a\|$, on conclut que $\|\delta_a\| = 1$.

Puisque $\omega = \delta_1 - \delta_0$, on a $\|\omega\| = \|\delta_1 - \delta_0\| \leq 1$. Mais : $1 = |-1| = |\langle \omega, \, \chi_{p\mathbb{Z}_p} \rangle| \leq \|\omega\|$; d'où l'on déduit que $\|\omega\| = 1$.

Soit $\mu \in M(\mathbb{Z}_p, \, K)$ une mesure écrite sous la forme $\mu = \sum_{n \geq 0} \langle \mu, \, Q_n \rangle \omega^n$; de cette écriture de μ, on a $\|\mu\| \leq \sup_{n \geq 0} |\langle \mu, \, Q_n \rangle|$. Mais, de la relation (1.2), on obtient $|\langle \mu, \, Q_n \rangle| = \dfrac{|\langle \mu, \, Q_n \rangle|}{\|Q_n\|_\infty} \leq \|\mu\|$, pour tout entier $n \geq 0$; par conséquent $\sup_{n \geq 0} |\langle \mu, \, Q_n \rangle| \leq \|\mu\|$. D'où l'on déduit que la norme de μ est donnée aussi par :

$$\|\mu\| = \sup_{n \geq 0} |\langle \mu, \, Q_n \rangle|. \tag{1.3}$$

Muni de la norme définie par (1.3) et du produit de convolution, $M(\mathbb{Z}_p, \, K)$ est une K-algèbre de Banach unitaire (d'unité la mesure de Dirac en zéro notée δ_0) isométriquement isomorphe à l'algèbre $K\langle X \rangle = \Big\{ S = \sum_{n \geq 0} a_n X^n, \, \|S\| = \sup_{n \geq 0} |a_n| < \infty \Big\}$ des séries formelles à coefficients bornés. Ainsi la norme est multiplicative dans $M(\mathbb{Z}_p, \, K)$. En outre, par un résultat bien connu sur les séries formelles à coefficients bornés (cf. [9]), une mesure $\mu \in M(\mathbb{Z}_p, \, K)$ est inversible si et seulement si $\|\mu\| = |\langle \mu, \, Q_0 \rangle| \neq 0$.

Dans ce qui suit, on pose $\ell^1(\mathbb{Z}_p) = \left\{ (\lambda_a)_{a \in \mathbb{Z}_p}, \ \lambda_a \in K \text{ tel que } \lim_{\mathfrak{F}(\mathbb{Z}_p)} |\lambda_a| = 0 \right\}$, où l'on a désigné par $\mathfrak{F}(\mathbb{Z}_p)$ le filtre de Fréchet sur $\mathbb{Z}_p$, c'est-à-dire, le filtre formé par les complémentaires des parties finies de $\mathbb{Z}_p$. L'ensemble $\ell^1(\mathbb{Z}_p)$ est un K-espace vectoriel ; considérant sur cet espace la norme $\|(\lambda_a)_{a \in \mathbb{Z}_p}\| = \sup_{a \in \mathbb{Z}_p} |\lambda_a|$, on obtient un espace de Banach ultramétrique.

Proposition 1.1.3. *La famille $(\delta_a)_{a \in \mathbb{Z}_p}$ est une famille orthonormale dans $M(\mathbb{Z}_p, K)$. L'espace de Banach $\ell^1(\mathbb{Z}_p)$ s'identifie à une sous-algèbre stricte fermée de $M(\mathbb{Z}_p, K)$ et d'image faiblement dense dans $M(\mathbb{Z}_p, K)$.*

Démonstration. • Soit F une partie finie de $\mathbb{Z}_p$ et soit μ_F la mesure définie par $\mu_F = \sum_{a \in F} \lambda_a \delta_a$, avec $\lambda_a \in K$. On a $\|\mu_F\| \le \max_{a \in F} |\lambda_a| \, \|\delta_a\| = \max_{a \in F} |\lambda_a|$.

Soit $b \in F$; il existe un entier m assez grand tel que, si a est un élément de F distinct de b, on ait $a \notin b + p^m \mathbb{Z}_p$. Dans ce cas $\langle \mu_F, \chi_{b+p^m \mathbb{Z}_p} \rangle = \sum_{a \in F} \lambda_a \langle \delta_a, \chi_{b+p^m \mathbb{Z}_p} \rangle = \lambda_b$; ainsi :

$$|\lambda_b| = \left| \langle \mu_F, \chi_{b+p^m \mathbb{Z}_p} \rangle \right| \le \|\mu_F\| \implies \max_{a \in F} |\lambda_a| \le \|\mu_F\|.$$

Par conséquent, on a $\|\mu_F\| = \max_{a \in F} |\lambda_a|$. D'où l'on déduit que $(\delta_a)_{a \in \mathbb{Z}_p}$ est une famille orthonormale dans $M(\mathbb{Z}_p, K)$.

•• Notons $\mathcal{I}$ l'ensemble des sous-ensembles finis de $\mathbb{Z}_p$ ordonné par inclusion et posons $E(\mathbb{Z}_p) = \left\{ \sum_{a \in F} \lambda_a \delta_a, \ \lambda_a \in K \text{ et } F \in \mathcal{I} \right\}$.
Comme $\mathbb{Z}_p$ est compact, une fonction continue $f : \mathbb{Z}_p \longrightarrow K$ est uniformément continue. Ceci se traduit par l'existence, pour tout $\varepsilon > 0$, d'un entier $n_\varepsilon \ge 1$ tel que $|f(x) - f(y)| < \varepsilon$, pour tous $x, y \in \mathbb{Z}_p$ vérifiant $x - y \in p^{n_\varepsilon} \mathbb{Z}_p$. De plus, il existe un ensemble fini d'indices I tel que $\mathbb{Z}_p = \bigsqcup_{i \in I} (a_i + p^{n_\varepsilon} \mathbb{Z}_p) = \bigsqcup_{a_i \in I^*} (a_i + p^{n_\varepsilon} \mathbb{Z}_p)$, où $I^* = \{a_j \in \mathbb{Z}_p, \ j \in I\}$. Ainsi, posant $g_\varepsilon = \sum_{a_i \in I^*} f(a_i) \chi_{a_i + p^{n_\varepsilon} \mathbb{Z}_p}$, pour $f \in \mathcal{C}(\mathbb{Z}_p, K)$, on obtient $|f(x) - g_\varepsilon(x)| = |f(x) - f(a_j)| < \varepsilon$, pour $j \in I$ tel que $x \in a_j + p^{n_\varepsilon} \mathbb{Z}_p$. Pour tout élément μ de $M(\mathbb{Z}_p, K)$, posant $\lambda_{a_j} = \mu(a_j + p^{n_\varepsilon} \mathbb{Z}_p)$, on a :

$$\langle \mu, f - g_\varepsilon \rangle = \langle \mu, f \rangle - \sum_{a_j \in I^*} f(a_j) \mu(a_j + p^{n_\varepsilon} \mathbb{Z}_p) = \langle \mu, f \rangle - \sum_{a_j \in I^*} \lambda_{a_j} \delta_{a_j}(f) = \langle \mu - \mu_I, f \rangle,$$

où $\mu_I = \sum_{a_j \in I^*} \lambda_{a_j} \delta_{a_j} \in E(\mathbb{Z}_p)$. Ainsi, pour f fixée dans $\mathcal{C}(\mathbb{Z}_p, K)$:

$$|\langle \mu - \mu_I, f \rangle| = |\langle \mu, f - g_\varepsilon \rangle| \le \|\mu\| \, \|f - g_\varepsilon\|_\infty < \varepsilon \|\mu\| \implies \lim_{I \in \mathcal{I}} \langle \mu - \mu_I, f \rangle = 0.$$

D'où l'on déduit que $E(\mathbb{Z}_p)$ est faiblement dense dans $M(\mathbb{Z}_p, K)$.

Posons $\mathbf{E}(\mathbb{Z}_p) = \left\{ \sum_{a \in \mathbb{Z}_p} \lambda_a \delta_a, \ \lambda_a \in K \text{ et } \lim_{\mathcal{F}(\mathbb{Z}_p)} \|\lambda_a \delta_a\| = 0 \right\}$; l'ensemble $\mathbf{E}(\mathbb{Z}_p)$, muni de l'addition usuelle des applications et du produit par un scalaire, est un K-espace vectoriel. Muni du produit de convolution (et de la norme), $\mathbf{E}(\mathbb{Z}_p)$ est une sous-algèbre unitaire de $M(\mathbb{Z}_p, K)$.

Considérant un élément $\mu = \sum_{a \in \mathbb{Z}_p} \lambda_a \delta_a$ de $\mathbf{E}(\mathbb{Z}_p)$, on a $\lim_{\mathcal{F}(\mathbb{Z}_p)} \|\lambda_a \delta_a\| = 0$. Ainsi, pour tout $\varepsilon > 0$, il existe une partie finie F_ε de $\mathbb{Z}_p$ telle que $\|\lambda_a \delta_a\| = |\lambda_a| < \varepsilon$, lorsque $a \notin F_\varepsilon$. Il vient que $\|\mu - \sum_{a \in F_\varepsilon} \lambda_a \delta_a\| \leq \varepsilon$; donc $\mathbf{E}(\mathbb{Z}_p)$ est l'adhérence normique de $E(\mathbb{Z}_p)$. Dans ce cas, on a $\|\mu\| = \left\| \sum_{a \in F_\varepsilon} \lambda_a \delta_a \right\| = \sup_{a \in F_\varepsilon} |\lambda_a| = \sup_{a \in \mathbb{Z}_p} |\lambda_a|$.

On en déduit que $(\delta_a)_{a \in \mathbb{Z}_p}$ est une base orthonormale de la sous-algèbre stricte fermée $\mathbf{E}(\mathbb{Z}_p)$ de $M(\mathbb{Z}_p, K)$ que l'on peut donc identifier isométriquement à $\ell^1(\mathbb{Z}_p)$.

$\square$

Remarque 1.1.2. • Un élément $\nu = \sum_{a \in \mathbb{Z}_p} \lambda_a \delta_a$ de $\ell^1(\mathbb{Z}_p)$ est inversible si et seulement si

$$\|\nu\| = |\langle \nu, Q_0 \rangle| = \left| \sum_{a \in \mathbb{Z}_p} \lambda_a \right| \neq 0.$$

•• L'ensemble $\ell^1(\mathbb{N}) = \left\{ (\lambda_n)_{n \in \mathbb{N}}, \ \lambda_n \in K, \ \lim_{n \to +\infty} \lambda_n = 0 \right\}$ s'identifie à la sous-algèbre fermée $\mathbf{E}(\mathbb{N})$ de $M(\mathbb{Z}_p, K)$ formée des séries convergentes en norme de la forme $\mu = \sum_{n \in \mathbb{N}} \lambda_n \delta_n$.

Corollaire 1.1.4. *Soit $a \in \mathbb{Z}_p \setminus \{0\}$; la mesure $\delta_a + \delta_{-a}$ est inversible si et seulement si $p \geq 3$.*
Mais, les mesures $\gamma_{1,a} = \delta_a + \delta_{-a} - \delta_0$ et $\gamma_{2,a} = \delta_a + \delta_{-a} - 3\delta_0$ sont inversibles pour tout nombre premier p.

Démonstration. Soit $a \in \mathbb{Z}_p \setminus \{0\}$; on a $\|\delta_a\| = 1 \implies \|\delta_a + \delta_{-a}\| \leq 1$.

Il existe un entier $n \geq 1$ tel que $|p^n| < |2a|$, ce qui signifie que $-a \notin a + p^n \mathbb{Z}_p$. Ainsi $\langle \delta_a + \delta_{-a}, \chi_{a+p^n \mathbb{Z}_p} \rangle = 1 \implies 1 \leq \|\delta_a + \delta_{-a}\|$; d'où $\|\delta_a + \delta_{-a}\| = 1$ lorsque $a \in \mathbb{Z}_p \setminus \{0\}$, pour tout nombre premier p.

La mesure $\delta_a + \delta_{-a}$ est inversible si et seulement si $\|\delta_a + \delta_{-a}\| = |\langle \delta_a + \delta_{-a}, Q_0 \rangle| = |2| = 1$. D'où $\delta_a + \delta_{-a}$ est inversible si et seulement si $p \geq 3$.

De la même manière que pour la mesure $\delta_a + \delta_{-a}$, on montre que les mesures $\gamma_{1,a}$ et $\gamma_{2,a}$ sont telles que $\|\gamma_{1,a}\| = \|\gamma_{2,a}\| = 1$.

De plus, on a $\|\gamma_{1,a}\| = |\langle \gamma_{1,a}, Q_0 \rangle| = 1$ et $\|\gamma_{2,a}\| = |\langle \gamma_{2,a}, Q_0 \rangle| = 1$, pour tout nombre premier p. D'où $\gamma_{1,a}$ et $\gamma_{2,a}$ sont inversibles, pour tout nombre premier p.

$\square$

Remarque 1.1.3. Pour $a \in \mathbb{Z}_p$, on a $\langle \delta_a - \delta_{-a}, Q_0 \rangle = 0$; ainsi, la mesure $\delta_a - \delta_{-a}$ n'est jamais inversible. Mais, par contre, chacune des mesures $\delta_a - \delta_{-a} + \delta_0$ et $\delta_a - \delta_{-a} - \delta_0$ est inversible, pour tout nombre premier p.

1.1.2 Intégration p-adique.

Nous rappelons ici quelques faits bien connus, établis par A.C.M van Rooij et W.H. Schikhof.

Soit μ une mesure sur l'espace topologique compact totalement discontinu X. On définit une semi-norme ultramétrique sur $\mathcal{C}(X, K)$ en posant, pour $f \in \mathcal{C}(X, K)$:

$$\|f\|_\mu = \sup_{\substack{g \in \mathcal{C}(X, K) \\ g \neq 0}} \frac{|\langle \mu, fg \rangle|}{\|g\|_\infty}, \tag{1.4}$$

où $\langle \mu, f \rangle = \varphi_\mu(f)$ pour $f \in \mathcal{C}(X, K)$ et où φ_μ est la forme linéaire continue associée à μ. Si U est un sous-ensemble de X, on pose $\|U\|_\mu = \|\chi_U\|_\mu$.

Lemme 1.1.5.

1. *Soient f et h deux éléments de $\mathcal{C}(X, K)$. On a :*

$$\|fh\|_\mu \leq \|f\|_\mu \|h\|_\infty. \tag{1.5}$$

2. *Soit n un entier ≥ 1 et soit $f = \sum_{j=1}^{n} \lambda_j \chi_{U_j}$ une fonction localement constante telle que $U_i \cap U_j = \emptyset$ pour $i \neq j$; alors $\|f\|_\mu = \max_{1 \leq j \leq n} |\lambda_j| \|\chi_{U_j}\|_\mu$.*

3. *Pour tout $U \in \Omega(X)$, on a $\|\chi_U\|_\mu = \sup_{\substack{V \subset U \\ V \in \Omega(X)}} |\mu(V)|$.*

4. *La fonction $N_\mu : X \longrightarrow [0, +\infty[$ définie par $N_\mu(x) = \inf_{\substack{U \in \Omega(X) \\ x \in U}} \|\chi_U\|_\mu$ est telle que $N_\mu(x) \leq \|\mu\|$, pour tout $x \in X$. De plus N_μ est semi-continue supérieurement.*

Théorème 1.1.6 (Schikhof [29]). *Pour toute fonction $f \in \mathcal{C}(X, K)$, on a $\|f\|_\mu = \sup_{x \in X} |f(x)| N_\mu(x)$. En particulier $\|1\|_\mu = \|\mu\| = \sup_{x \in X} N_\mu(x)$.*

Définition 1.1.3 (Schikhof [29]). *Soit $\mu \in M(X, K)$ et soit $f : X \longrightarrow K$ une fonction quelconque. On pose $\|f\|_s = \sup_{x \in X} |f(x)| N_\mu(x)$ et on dit que :*

  – *f est μ-négligeable si $\|f\|_s = 0$ et une partie A de X est μ-négligeable si $\|\chi_A\|_s = 0$.*
  – *f est μ-intégrable s'il existe une suite $(f_n)_n$ de fonctions localement constantes telle que $\lim_{n \to +\infty} \|f - f_n\|_s = 0$.*

Dans la suite, on note par $\mathcal{L}^1(X, \mu)$ l'espace des fonctions μ-intégrables et par $\mathrm{L}^1(\mathrm{X}, \mu)$ l'espace quotient $\mathcal{L}^1(X, \mu)/\Re$, où $\Re$ est la relation d'équivalence définie par $f\Re g$ si $f - g$ est μ-négligeable.

Si $f : X \longrightarrow K$ est une fonction localement constante, on a :

$$\|f\|_s = \sup_{x \in X} |f(x)| N_\mu(x) \leq \|\mu\| \, \|f\|_\infty .$$

Ainsi, l'espace des fonctions localement constantes étant uniformément dense dans l'espace des fonctions continues, toute fonction $f : X \longrightarrow K$ continue est μ-intégrable, c'est-à-dire que l'on a : $\mathcal{C}(X, K) \subset \mathcal{L}^1(X, K)$.

Si $f \in \mathcal{C}(X, K)$, on pose $\mu(f) = \int_X f(x)d\mu(x)$ dite l'intégrale de f pour la mesure μ.

Remarque 1.1.4. Une fonction localement constante $f = \sum_{j=1}^{n} \lambda_j \chi_{U_j}$ étant continue, on définit l'intégrale de f en posant $\int_X f(x)d\mu(x) = \sum_{j=1}^{n} \lambda_j \mu(\chi_{U_j})$.

Proposition 1.1.7. *Soit $(f_n)_{n \geq 1}$ une suite de Cauchy de fonctions localement constantes pour la norme $\|\cdot\|_s$. Alors la limite de la suite $\left(\int_X f_n(x)d\mu(x) \right)_{n \geq 1}$ existe dans K.*
Si f est une fonction μ-intégrable telle que $\|f - f_n\|_s \to 0$, on définit l'intégrale de f par la formule suivante :

$$\int_X f(x)d\mu(x) = \lim_{n \to +\infty} \int_X f_n(x)d\mu(x). \tag{1.6}$$

La limite de la relation (1.6) est indépendante de la suite de fonctions localement constantes $(f_n)_{n \geq 1}$. De plus, on a la relation suivante :

$$\left| \int_X f(x)d\mu(x) \right| \leq \|f\|_s . \tag{1.7}$$

Démonstration. Soit $(f_n)_{n\geq 1}$ une suite de Cauchy de fonctions localement constantes pour la semi-norme $\| \; \|_s$. Pour n et m entiers ≥ 1, de la relation (1.4) ou du Théorème 1.1.6, on a :

$$\left| \int_X f_m(x) d\mu(x) - \int_X f_n(x) d\mu(x) \right| = |\mu(f_m - f_n)| \leq \|f_m - f_n\|_\mu = \|f_m - f_n\|_s \,.$$

La suite $(f_n)_{n\geq 1}$ étant de Cauchy pour la semi-norme $\| \; \|_s$, $\left(\int_X f_n(x) d\mu(x) \right)_{n\geq 1}$ est donc une suite de Cauchy dans K qui est complet. D'où $\displaystyle\lim_{n\to+\infty} \int_X f_n(x) d\mu(x)$ existe dans K.

Soit $(h_n)_{n\geq 1}$ une autre suite de fonctions localement constantes telle que $\displaystyle\lim_{n\to\infty} \|f - h_n\|_s = 0$. Puisque $\|f_n - h_n\|_s = \|(f_n - f) + (f - h_n)\|_s \leq \max\left(\|f_n - f\|_s, \|f - h_n\|_s \right)$, on obtient : $\displaystyle\lim_{n\to\infty} \|f_n - h_n\|_s = 0$. Mais, comme $\left| \int_X f_n(x) d\mu(x) - \int_X h_n(x) d\mu(x) \right| \leq \|f_n - h_n\|$, on déduit que les suites $\left(\int_X f_n(x) d\mu(x) \right)_{n\geq 1}$ et $\left(\int_X h_n(x) d\mu(x) \right)_{n\geq 1}$ ont la même limite qui n'est autre que $\int_X f(x) d\mu(x)$.

Puisque $|\|f\|_s - \|f_n\|_s| \leq \|f - f_n\|_s$, on a $\displaystyle\lim_{n\to\infty} \|f_n\|_s = \|f\|_s$; on en déduit que :

$$\left| \int_X f(x) d\mu(x) \right| = \lim_{n\to\infty} \left| \int_X f_n(x) d\mu(x) \right| \leq \lim_{n\to\infty} \|f_n\|_s = \|f\|_s \,.$$

$\square$

Remarque 1.1.5. Lorsque $X = \mathbb{Z}_p$ et $\mu \in M(\mathbb{Z}_p, K)$, écrivant une fonction $f \in \mathcal{C}(\mathbb{Z}_p, K)$ sous la forme $f = \displaystyle\lim_{n\to+\infty} \sum_{a=0}^{p^n-1} f(a) \chi_{a+p^n\mathbb{Z}_p}$, il résulte de la relation (1.6) la formule suivante qui ressemble beaucoup à une intégrale de Riemann :

$$\int_{\mathbb{Z}_p} f(x) d\mu(x) = \lim_{n\to+\infty} \sum_{a=0}^{p^n-1} f(a) \mu(a + p^n\mathbb{Z}_p).$$

Dans ce qui suit, on note $X_0 = \{ x \in X, \; N_\mu(x) = 0 \}$.

Proposition 1.1.8 (Schikhof [29]).
- X_0 *est un G_δ-ensemble (c'est-à-dire une intersection dénombrable d'ouverts).*

- *Une fonction $f : X \longrightarrow K$ est μ-négligeable si et seulement si $\mathrm{supp}(f) \subset X_0$ (on rappelle que $\mathrm{supp}(f)$ est l'adhérence de $\{ x \in X, \; f(x) \neq 0 \}$ dans X) : X_0 est donc le plus grand sous-ensemble μ-négligeable de X.*

On pose, dans la suite $\gamma = \inf_{x \in X} N_\mu(x)$, $E_\mu = \{f : X \longrightarrow K, \|f\|_s < +\infty\}$ et on note par $\mathcal{B}(X, K)$ l'espace des fonctions $f : X \longrightarrow K$ bornées. E_μ est un K-espace vectoriel, admettant $\mathcal{L}^1(X, \mu)$ et $\mathcal{B}(X, K)$ comme sous-espaces.

La Proposition qui suit est bien connue; vue son importance pour la suite, nous en donnons une démonstration.

Proposition 1.1.9.

1. *La semi-norme $\|\ \|_s$ induit sur $E_\mu / \{f : X \longrightarrow K, \|f\|_s = 0\} = \widetilde{E}_\mu$ une norme notée $\|\ \widetilde{\|}_s$ pour laquelle cet espace quotient est un espace de Banach.*

2. *Si $\gamma > 0$, pour toute fonction $f \in E_\mu$, on a :*

$$\gamma \|f\|_\infty \leq \|f\|_s \leq \|\mu\| \, \|f\|_\infty. \tag{1.8}$$

Dans ce cas, E_μ est égal à $\mathcal{B}(X, K)$ et l'espace $\mathcal{L}^1(X, \mu)$ est égal à $\mathcal{C}(X, K)$.

De plus, pour $f, g \in E_\mu$, on a : $\|fg\|_s \leq \dfrac{\|\mu\|}{\gamma^2} \|f\|_s \|g\|_s$.

En particulier, pour $f, g \in \mathcal{C}(X, K)$, on a : $\|fg\|_s \leq \dfrac{1}{\gamma} \|f\|_s \|g\|_s$.

Démonstration.

1. Considérons le sous-espace $E_{0,\mu}$ de E_μ formé des fonctions $f : X \longrightarrow K$ telles que $\|f\|_s = 0$ (c'est l'espace des fonctions μ-négligeables).

$$f \in E_{0,\mu} \iff [|f(x)| N_\mu(x) = 0, \ \forall x \in X] \iff [f(x) = 0, \ \forall x \in X_+].$$

Soit $\widetilde{E}_\mu$ l'espace quotient $E_\mu / E_{0,\mu}$.
On désigne par $\widehat{f} \in \widetilde{E}_\mu$ la classe de l'élément $f \in E_\mu$ modulo $E_{0,\mu}$. Par définition, la semi-norme quotient $\|\ \widetilde{\|}_s$ est donnée sur $\widetilde{E}_\mu$ par $\left\|\widehat{f}\right\|_s = \inf_{g \in E_{0,\mu}} \|f - g\|_s$.
En fait, comme $\|g\|_s = 0$, pour toute fonction $g \in E_{0,\mu}$, on a :

$$\|f\|_s = \|(f - g) + g\|_s \leq \max(\|f - g\|_s, \|g\|_s) = \|f - g\|_s \leq \max(\|f\|_s, \|g\|_s) = \|f\|_s.$$

Il vient que $\left\|\widehat{f}\right\|_s = \|f\|_s$; ainsi, on a $\left\|\widehat{f}\right\|_s = 0 \iff f \in E_{0,\mu} \iff \widehat{f} = 0$.
D'où $\|\ \widetilde{\|}_s$ est une norme.

Soit $(\widehat{f}_n)_{n \geq 1}$ une suite de Cauchy dans $\left(\widetilde{E}_\mu, \|\ \widetilde{\|}_s\right)$, et soit f_n un représentant de $\widehat{f}_n$ dans E_μ. Comme $\left\|\widehat{f}_n - \widehat{f}_m\right\|_s = \|f_n - f_m\|_s = \sup_{x \in X} |f_n N_\mu(x) - f_m N_\mu(x)|$, pour $x \in X$, la suite $(f_n(x) N_\mu(x))_n$ est de Cauchy dans K. Si $N_\mu(x) \neq 0$, c'est-à-dire

$x \in X_+$, alors la suite $(f_n(x))_n$ est de Cauchy dans K et donc converge pour tout $x \in X_+$. On obtient une fonction f définie sur X_+ en posant $f(x) = \lim\limits_{n \to +\infty} f_n(x)$ que l'on prolonge à X tout entier en posant $f(x) = 0$ si $x \in X_0$.

Puisque $f(x) = \lim\limits_{n \to +\infty} f_n(x)$, pour $x \in X$, on a $\|f - f_n\|_s < +\infty$.

Observant que $\|f_n\|_s < +\infty$ car $f_n \in E_\mu$, et $f(x) = [f(x) - f_n(x)] + f_n(x)$, on a

$$\|f\|_s = \|(f - f_n) + f_n\|_s \leq \max\left(\|f - f_n\|_s, \|f_n\|_s\right) < +\infty.$$

D'où $\widehat{f} \in E_\mu$ et $\left(\widetilde{E}_\mu, \|\ \widetilde{\|}_s\right)$ est un espace de Banach.

2. Supposons que $\gamma > 0$; comme $\gamma \leq N_\mu(x) \leq \|\mu\|$, pour tout $x \in X$, on obtient (1.8) de laquelle on déduit l'égalité $E_\mu = \mathcal{B}(X, K)$.

Soit f une fonction μ-intégrable; il existe alors une suite $(f_n)_n$ de fonctions localement constantes telle que : $\forall \varepsilon > 0, \ \exists n_0(\varepsilon) \in \mathbb{N}, \ \forall n \in \mathbb{N} \ n \geq n_0 \implies \|f - f_n\|_s < \varepsilon$.

Il en résulte d'après la relation (1.8) que :

$$\forall \varepsilon > 0, \ \exists n_0(\varepsilon) \in \mathbb{N}, \ \forall n \in \mathbb{N}, \ n \geq n_0 \implies \|f - f_n\|_\infty < \frac{\varepsilon}{\gamma}.$$

La suite $(f_n)_n$ converge uniformément vers f sur X; d'où $f \in \mathcal{C}(X, K)$.

Soient $f, g \in E_\mu = \mathcal{B}(X, K)$. La fonction fg est bornée telle que $\|fg\|_s \leq \|\mu\| \|fg\|_\infty < +\infty$; donc on a $fg \in E_\mu$ et

$$\|fg\|_s \leq \|\mu\| \|fg\|_\infty = \|\mu\| \|f\|_\infty \|g\|_\infty \leq \frac{\|\mu\|}{\gamma^2} \|f\|_s \|g\|_s.$$

En particulier, si f et g sont deux fonctions continues sur X, on a :

$$\begin{aligned}
\|fg\|_s &\leq \|f\|_\infty \|g\|_s \quad \text{d'après la relation (1.5)} \\
&\leq \frac{1}{\gamma} \|f\|_s \|g\|_s \quad \text{d'après la relation (1.8).}
\end{aligned}$$

$\square$

Théorème 1.1.10 (Schikhof [29]). *La relation $\Re$ définie sur $\mathcal{L}^1(X, \mu)$ par : $f\Re g$ si $f - g$ est μ-négligeable, est une relation d'équivalence. Pour cette relation, l'espace quotient $\mathcal{L}^1(X, \mu)/\Re$, noté $\mathrm{L}^1(X, \mu)$, est un sous-espace de Banach de $\widetilde{E}_\mu$ pour la norme $\|\ \widetilde{\|}_s$.*

1.2   Fonctions intégrables par rapport aux mesures de Bernoulli de rang 1.

Définition 1.2.1 (Nombres et polynômes de Bernoulli).

Considérons les séries formelles $e^t = \sum_{k \geq 0} \dfrac{t^k}{k!}$; $\dfrac{t}{e^t - 1} = \sum_{k=0}^{+\infty} B_k \dfrac{t^k}{k!}$ *et* $\dfrac{te^{xt}}{e^t - 1} = \sum_{k=0}^{+\infty} B_k(x) \dfrac{t^k}{k!}$.
Les nombres B_k sont des nombres rationnels appelés nombres de Bernoulli et les $B_k(x)$ sont des polynômes de degré k à coefficients rationnels appelés polynômes de Bernoulli.

Les trois premiers nombres de Bernoulli sont $B_0 = 1$; $B_1 = -\dfrac{1}{2}$ et $B_2 = \dfrac{1}{6}$. Les trois premiers polynômes de Bernoulli sont : $B_0(x) = 1$; $B_1(x) = x - \dfrac{1}{2}$ et $B_2(x) = x^2 - x + \dfrac{1}{6}$.

Remarque 1.2.1. En utilisant les séries génératrices ci-dessus, on montre que les polynômes de Bernoulli vérifient les relations suivantes, lorsque k est un entier ≥ 0 :

$$B_k(x) = \sum_{j=0}^{k} \binom{k}{j} B_{k-j} x^j, \tag{1.9a}$$

$$B_k(px) = p^{k-1} \sum_{j=0}^{p-1} B_k \left(x + \frac{j}{p} \right). \tag{1.9b}$$

Une conséquence directe de la relation (1.9b) est le résultat suivant :

Lemme 1.2.1. *Soient n et k deux entiers ≥ 0 et a un entier tel que $0 \leq a \leq p^n - 1$. L'application μ_k définie sur l'ensemble des boules $a + p^n \mathbb{Z}_p$ par*

$$\mu_k(a + p^n \mathbb{Z}_p) = p^{n(k-1)} B_k \left(\frac{a}{p^n} \right),$$

se prolonge en une distribution sur $\mathbb{Z}_p$, dite distribution de Bernoulli de rang k.

Soit a un entier p-adique, de développement de Hensel $\sum_{i \geq 0} a_i p^i$ et soit n un entier ≥ 0. Posant $(a)_0 = 0$, $(a)_n = \sum_{i=0}^{n-1} a_i p^i$ et $[a]_n = \sum_{i \geq 0} a_{n+i} p^i$ pour $n \geq 1$, on obtient $[a]_n = \dfrac{a - (a)_n}{p^n} \in \mathbb{Z}_p$ et pour une unité p-adique α : $[a\alpha]_n = \dfrac{a\alpha - (a\alpha)_n}{p^n} \in \mathbb{Z}_p$.

Remarquons que, pour $a \in \mathbb{Z}_p$ de développement de Hensel $a = \sum_{j \geq 0} a_j p^j$, lorsque m est un entier ≥ 1, on a : $p^m a = a_0 p^m + a_1 p^{m+1} + \cdots + a_{n-m} p^n + \cdots$. Dans ce cas :

- $[p^m a]_n = a_{n-m} + a_{n-m+1}p + a_{n-m+2}p^2 + \cdots = [a]_{n-m}$, si $n \geq m$;
- $(p^m a)_n = 0 \implies [p^m a]_n = \dfrac{p^m a - (p^m a)_n}{p^n} = p^{m-n}a$, si $n \leq m$.

Si a est un entier positif, de développement $a_0 + a_1 p + \cdots + a_k p^k$ en base p, on a :
- $[a]_n = a_n + a_{n+1}p + \cdots + a_k p^{k-n}$, si $k \geq n$;
- $[a]_n = 0$, si $k \leq n$.

Ainsi $[a]_n$ est égal à la partie entière du nombre rationnel $\dfrac{a}{p^n}$ que l'on note souvent $\left[\dfrac{a}{p^n}\right]$.

L'application μ_k définie dans le Lemme 1.2.1 n'est pas une mesure. A partir de cette application, B. Mazur a défini, pour une unité p-adique α fixée, une application additive $\mu_{k,\alpha} : \Omega(\mathbb{Z}_p) \longrightarrow K$, en posant :

$$\mu_{k,\alpha}(U) = \mu_k(U) - \alpha^{-k}\mu_k(\alpha U), \text{ pour } U \in \Omega(\mathbb{Z}_p), \tag{1.10}$$

lorsque k est un entier ≥ 1. On a donc ainsi, pour une unité p-adique α fixée, une suite de distributions définies sur $\mathbb{Z}_p$.

Posant, dans la relation (1.10), $U = a + p^n\mathbb{Z}_p$ (avec $0 \leq a \leq p^n - 1$) et $k = 1$, on obtient :

$$\mu_{1,\alpha}(a + p^n\mathbb{Z}_p) = B_1\left(\frac{a}{p^n}\right) - \alpha^{-1}B_1\left(\frac{(a\alpha)_n}{p^n}\right).$$

Puisque $B_1\left(\dfrac{(a\alpha)_n}{p^n}\right) = \dfrac{(a\alpha)_n}{p^n} - \dfrac{1}{2} = \dfrac{a\alpha}{p^n} - [a\alpha]_n - \dfrac{1}{2}$, on voit que :

$$\mu_{1,\alpha}(a + p^n\mathbb{Z}_p) = \frac{1}{2\alpha}(1 - \alpha + 2[a\alpha]_n). \tag{1.11}$$

Le Lemme suivant est un résultat connu (cf. par exemple Koblitz [19]) pour lequel nous donnons une démonstration suggérée par B. Diarra.

Lemme 1.2.2. *Soit α une unité p-adique. La distribution $\mu_{1,\alpha}$ est une mesure de norme ≤ 1.*
De plus, désignant par d_k le plus petit commun multiple des dénominateurs des coefficients du k-ième polynôme de Bernoulli $B_k(x)$, pour $k \geq 2$, on a :

$$d_k\mu_{k,\alpha}(a + p^n\mathbb{Z}_p) \equiv d_k k a^{k-1}\mu_{1,\alpha}(a + p^n\mathbb{Z}_p) \pmod{p^n\mathbb{Z}_p}. \tag{1.12}$$

Démonstration. • Si $p \neq 2$, on a $2^{-1} \in \mathbb{Z}_p$, donc $\dfrac{\alpha^{-1} - 1}{2} \in \mathbb{Z}_p$. Puisque $\alpha^{-1}[a\alpha]_n$ est aussi un élément de $\mathbb{Z}_p$, on a

$$|\mu_{1,\alpha}(a + p^n\mathbb{Z}_p)| = \left|\frac{\alpha^{-1} - 1}{2} + \alpha^{-1}[a\alpha]_n\right| \leq \max\left(\left|\frac{\alpha^{-1} - 1}{2}\right|, \left|\alpha^{-1}[a\alpha]_n\right|\right) \leq 1.$$

Soit U un ouvert fermé de $\mathbb{Z}_p$. Écrivant U sous la forme $U = \displaystyle\bigsqcup_{j=1}^{m}(a_j + p^{n_j}\mathbb{Z}_p)$ comme une réunion disjointe , on obtient

$$|\mu_{1,\alpha}(U)| = \left|\sum_{j=1}^{m}\mu_{1,\alpha}(a_j + p^{n_j}\mathbb{Z}_p)\right| \leq \max_{1\leq j\leq m}|\mu_{1,\alpha}(a_j + p^{n_j}\mathbb{Z}_p)| \leq 1.$$

D'où l'on déduit que $\|\mu_{1,\alpha}\| = \displaystyle\sup_{U\in\Omega(\mathbb{Z}_p)}|\mu_{1,\alpha}(U)| \leq 1$.

Si $p = 2$, puisque le groupe des unités 2-adiques est $\mathbb{Z}_2\backslash 2\mathbb{Z}_2 = 1 + 2\mathbb{Z}_2$, l'inverse de l'unité 2-adique α s'écrit donc $\alpha^{-1} = 1 + 2\beta$, avec $\beta \in \mathbb{Z}_2$. Ainsi, on a $|\mu_{1,\alpha}(a + 2^n\mathbb{Z}_2)| \leq \max\left(|\beta|\,,\,|\alpha^{-1}[a\alpha]_n|\right) \leq 1$ et $\|\mu_{1,\alpha}\| = \displaystyle\sup_{U\in\Omega(\mathbb{Z}_2)}|\mu_{1,\alpha}(U)| \leq 1$.

D'où $\mu_{1,\alpha}$ est une mesure sur $\mathbb{Z}_p$ de norme ≤ 1.

•• D'autre part, rappelons que $B_k(x) = \displaystyle\sum_{j=0}^{k}\binom{k}{j}B_{k-j}x^j = x^k - \frac{k}{2}x^{k-1} + \sum_{j=0}^{k-2}\binom{k}{j}B_{k-j}x^j$.

On a $d_k\mu_{k,\alpha}(a + p^n\mathbb{Z}_p) = d_kp^{n(k-1)}B_k\left(\dfrac{a}{p^n}\right) - d_k\alpha^{-k}p^{n(k-1)}B_k\left(\dfrac{(a\alpha)_n}{p^n}\right)$

$= d_kp^{n(k-1)}\left[\left(\dfrac{a}{p^n}\right)^k - \dfrac{k}{2}\left(\dfrac{a}{p^n}\right)^{k-1}\right] + d_kp^{n(k-1)}\sum_{j=0}^{k-2}\binom{k}{j}B_{k-j}\left(\dfrac{a}{p^n}\right)^j$

$- d_k\alpha^{-k}p^{n(k-1)}\left[\left(\dfrac{(a\alpha)_n}{p^n}\right)^k - \dfrac{k}{2}\left(\dfrac{(a\alpha)_n}{p^n}\right)^{k-1}\right] - d_k\alpha^{-k}p^{n(k-1)}\sum_{j=0}^{k-2}\binom{k}{j}B_{k-j}\left(\dfrac{(a\alpha)_n}{p^n}\right)^j.$

On voit aussitôt que pour $0 \leq j \leq k - 2$, $p^{n(k-1)-nj}$ est divisible par p^n. Il vient que $d_kp^{n(k-1)}\displaystyle\sum_{j=0}^{k-2}\binom{k}{j}B_{k-j}\left(\dfrac{a}{p^n}\right)^j$ est divisible par p^n.

Mais, puisque $\dfrac{(a\alpha)_n}{p^n} = \dfrac{a\alpha}{p^n} - [a\alpha]_n$, on a $\left(\dfrac{(a\alpha)_n}{p^n}\right)^j = \displaystyle\sum_{\ell=0}^{j}(-1)^{j-\ell}([a\alpha]_n)^{j-\ell}\left(\dfrac{a\alpha}{p^n}\right)^\ell$ et $\left|p^{n(k-1)}\left(\dfrac{(a\alpha)_n}{p^n}\right)^j\right| \leq \max_{0\leq\ell\leq j}|p|^{n(k-1-\ell)} \leq |p^n|$, pour tout $j \in \{0,\ldots,k-2\}$. D'où l'on

déduit que $d_k\alpha^{-k}p^{n(k-1)}\displaystyle\sum_{j=0}^{k-2}\binom{k}{j}B_{k-j}\left(\dfrac{(a\alpha)_n}{p^n}\right)^j \in p^n\mathbb{Z}_p$. De la même manière, on a

$$\left(\dfrac{(a\alpha)_n}{p^n}\right)^k = \dfrac{a^k\alpha^k}{p^{nk}} - [a\alpha]_n\dfrac{(a\alpha)^{k-1}}{p^{n(k-1)}} + \sum_{\ell=0}^{k-2}\binom{k}{\ell}(-1)^{k-\ell}([a\alpha]_n)^{k-\ell}\left(\dfrac{a\alpha}{p^n}\right)^\ell$$

$$\left(\dfrac{(a\alpha)_n}{p^n}\right)^{k-1} = \dfrac{a^{k-1}\alpha^{k-1}}{p^{nk}} + \sum_{\ell=0}^{k-2}\binom{k-1}{\ell}(-1)^{k-1-\ell}([a\alpha]_n)^{k-1-\ell}\left(\dfrac{a\alpha}{p^n}\right)^\ell.$$

On obtient ainsi $d_k \alpha^{-k} p^{n(k-1)} \left[\left(\frac{(a\alpha)_n}{p^n} \right)^k - \frac{k}{2} \left(\frac{(a\alpha)_n}{p^n} \right)^{k-1} \right] =$

$$d_k \frac{a^k}{p^n} - k \left[a\alpha \right]_n \alpha^{-1} a^{k-1} + d_k \alpha^{-k} p^{n(k-1)} \sum_{\ell=0}^{k-2} \binom{k}{\ell} (-1)^{k-\ell} \left([a\alpha]_n \right)^{k-\ell} \left(\frac{a\alpha}{p^n} \right)^\ell$$

$$- \frac{k}{2} d_k \alpha^{-1} a^{k-1} + \frac{k}{2} d_k \alpha^{-k} p^{n(k-1)} \sum_{\ell=0}^{k-2} \binom{k-1}{\ell} (-1)^{k-\ell} \left([a\alpha]_n \right)^{k-1-\ell} \left(\frac{a\alpha}{p^n} \right)^\ell .$$

Mais

$$d_k \alpha^{-k} p^{n(k-1)} \sum_{\ell=0}^{k-2} \binom{k}{\ell} (-1)^{k-\ell} \left([a\alpha]_n \right)^{k-\ell} \left(\frac{a\alpha}{p^n} \right)^\ell$$

$$= p^n d_k \alpha^{-k} \sum_{\ell=0}^{k-2} \binom{k}{\ell} (-1)^{k-\ell} \left([a\alpha]_n \right)^{k-\ell} \frac{(a\alpha)^\ell}{p^{n(\ell-k+2)}} = p^n A_{n,k}, \text{ avec } A_{n,k} \in \mathbb{Z}_p.$$

Comme $2 | d_k$, on a

$$\frac{k}{2} d_k \alpha^{-k} p^{n(k-1)} \sum_{\ell=0}^{k-2} \binom{k-1}{\ell} (-1)^{k-1-\ell} \left([a\alpha]_n \right)^{k-1-\ell} \left(\frac{a\alpha}{p^n} \right)^\ell$$

$$= p^n \frac{k}{2} d_k \alpha^{-k} \sum_{\ell=0}^{k-2} \binom{k-1}{\ell} (-1)^{k-1-\ell} \left([a\alpha]_n \right)^{k-1-\ell} \frac{(a\alpha)^\ell}{p^{n(k-2-\ell)}} = p^n B_{n,k}, \text{ avec } B_{n,k} \in \mathbb{Z}_p.$$

Il vient que

$$d_k \alpha^{-k} p^{n(k-1)} \left[\left(\frac{(a\alpha)_n}{p^n} \right)^k - \frac{k}{2} \left(\frac{(a\alpha)_n}{p^n} \right)^{k-1} \right] = d_k \frac{a^k}{p^n} - k d_k \left[a\alpha \right]_n \alpha^{-1} a^{k-1}$$

$$- \frac{k}{2} d_k \alpha^{-1} a^{k-1} + p^n C_{n,k}$$

avec $C_{n,k} \in \mathbb{Z}_p$. En définitive, on a

$$d_k \mu_{k,\alpha}(a + p^n \mathbb{Z}_p) = d_k \frac{a^k}{p^n} - d_k \frac{k}{2} a^{k-1} - d_k \frac{a^k}{p^n} + k d_k \left[a\alpha \right]_n \alpha^{-1} a^{k-1}$$

$$+ \frac{k}{2} d_k \alpha^{-1} a^{k-1} + p^n D_{n,k}$$

$$= d_k k a^{k-1} \left([a\alpha]_n \alpha^{-1} + \frac{\alpha^{-1} - 1}{2} \right) + p^n D_{n,k}$$

$$= d_k k a^{k-1} \mu_{1,\alpha}(a + p^n \mathbb{Z}_p) + p^n D_{n,k}, \text{ avec } D_{n,k} \in \mathbb{Z}_p.$$

$\square$

La Proposition qui suit est un résultat connu pour $f = 1$ (voir par exemple Koblitz [19]) pour lequel, nous donnons une démonstration suggérée par B. Diarra.

Proposition 1.2.3. *Soit α une unité p-adique.*
La distribution $\mu_{k,\alpha}$ définie par la relation (1.10) est une mesure sur $\mathbb{Z}_p$: on l'appelle la mesure de Bernoulli régularisée de rang k normalisée par α.
De plus, si $f \in \mathcal{C}(\mathbb{Z}_p, K)$, on a :

$$\int_{\mathbb{Z}_p} f(t)d\mu_{k,\alpha}(t) = k \int_{\mathbb{Z}_p} t^{k-1}f(t)d\mu_{1,\alpha}(t). \tag{1.13}$$

Démonstration. De (1.12) on déduit que $|d_k| \left| \mu_{k,\alpha}(a + p^n\mathbb{Z}_p) - ka^{k-1}\mu_{1,\alpha}(a + p^n\mathbb{Z}_p) \right| \leq |p|^n$. Il vient que

$$|\mu_{k,\alpha}(a + p^n\mathbb{Z}_p)| \leq \max\left(\frac{|p|^n}{|d_k|}, |k||a|^{k-1}|\mu_{1,\alpha}(a + p^n\mathbb{Z}_p)| \right) \leq \max\left(\frac{1}{|d_k|}, 1 \right).$$

Par conséquent, écrivant un ouvert fermé U de $\mathbb{Z}_p$ sous la forme $U = \bigsqcup_{j=1}^{m}(a_j + p^{n_j}\mathbb{Z}_p)$ d'une

réunion disjointe, on déduit que $\|\mu_{k,\alpha}\| = \sup_{U \in \Omega(\mathbb{Z}_p)} |\mu_{k,\alpha}(U)| \leq \max\left(\frac{1}{|d_k|}, 1 \right) = \frac{1}{|d_k|}$.

Pour toute fonction continue $f : \mathbb{Z}_p \longrightarrow K$, la suite des fonctions $f_n = \sum_{a=0}^{p^n-1} f(a)\chi_{a+p^n\mathbb{Z}_p}$
convergent uniformément vers f. On en déduit que pour toute mesure μ sur $\mathbb{Z}_p$ à valeurs dans K, on a :

$$\int_{\mathbb{Z}_p} f(t)d\mu(t) = \langle \mu, f \rangle = \lim_{n \to +\infty} \sum_{a=0}^{p^n-1} f(a)\langle \mu, \chi_{a+p^a\mathbb{Z}_p} \rangle.$$

On en déduit que $\displaystyle\int_{\mathbb{Z}_p} f(t)d\mu_{k,\alpha}(t) = \lim_{n \to +\infty} s_n^k(f)$ et $\displaystyle k \int_{\mathbb{Z}_p} t^{k-1}f(t)d\mu_{1,\alpha}(t) = \lim_{n \to +\infty} S_n^k(f)$,

avec $s_n^k(f) = \displaystyle\sum_{a=0}^{p^n-1} f(a)\mu_{k,\alpha}(a + p^n\mathbb{Z}_p)$ et $S_n^k(f) = k\displaystyle\sum_{a=0}^{p^n-1} a^{k-1}f(a)\mu_{1,\alpha}(a + p^n\mathbb{Z}_p)$ lorsque $f \in \mathcal{C}(\mathbb{Z}_p, K)$. Mais, puisque :

$$\left| s_n^k(f) - S_n^k(f) \right| \leq \|f\|_\infty \max_{0 \leq a \leq p^n-1} \left| \mu_{k,\alpha}(a + p^n\mathbb{Z}_p) - ka^{k-1}\mu_{1,\alpha}(a + p^n\mathbb{Z}_p) \right| \leq \|f\|_\infty \frac{|p|^n}{|d_k|},$$

on a alors $\displaystyle\lim_{n \to +\infty} s_n^k(f) = \lim_{n \to +\infty} S_n^k(f)$; ce qui démontre la relation (1.13).   □

Conséquence immédiate de la relation (1.10)

Pour tout ouvert fermé U de $\mathbb{Z}_p$, on a $\mu_{k,1}(U) = \mu_k(U) - \mu_k(U) = 0$. Ainsi, $\mu_{k,1}$ est la mesure nulle.

1.2.1 Fonctions intégrables par rapport aux mesures de Bernoulli de rang 1.

Proposition 1.2.4. *La mesure $\mu_{1,-1}$ est égale à $-\delta_0$, où δ_0 est la mesure de Dirac en 0. Ainsi, l'espace des fonctions $\mu_{1,-1}$-intégrables est égal à l'espace de toutes les fonctions $f : \mathbb{Z}_p \longrightarrow K$.*

Démonstration. Soient n et a deux entiers tels que $n \geq 0$ et $0 \leq a \leq p^n - 1$; d'après la relation (1.11), on a : $\mu_{1,-1}(a + p^n\mathbb{Z}_p) = -1 - [-a]_n$.

  – Pour $a = 0$, on a $\mu_{1,-1}(p^n\mathbb{Z}_p) = -1$.

  – Pour $1 \leq a \leq p^n - 1$, on a $-p^n + 1 \leq -a \leq -1$ et $1 \leq p^n - a \leq p^n - 1$. Comme $-a = (p^n - a) - p^n$, on a $[-a]_n = -1$; d'où $\mu_{1,-1}(a + p^n\mathbb{Z}_p) = -1 + 1 = 0$.

Notant δ_0 la mesure de Dirac au point 0, on obtient : $\mu_{1,-1}(a + p^n\mathbb{Z}_p) = -\delta_0\left(\chi_{a+p^n\mathbb{Z}_p}\right)$. Soit $U \in \Omega(\mathbb{Z}_p)$ un ouvert fermé de $\mathbb{Z}_p$; écrivant U comme une réunion disjointe sous la forme $U = \bigsqcup_{j=1}^{k}(a_j + p^{n_j}\mathbb{Z}_p)$, on a :

$$\mu_{1,-1}(U) = \sum_{j=1}^{k}\mu_{1,-1}(a_j + p^{n_j}\mathbb{Z}_p) = -\sum_{j=1}^{k}\delta_0\left(\chi_{a_j+p^{n_j}\mathbb{Z}_p}\right) = -\delta_0(U).$$

D'où l'on déduit que $\mu_{1,-1} = -\delta_0$. Ainsi $\mathcal{L}^1(\mathbb{Z}_p, \mu_{1,-1})$ est égal à l'espace de toutes les fonctions $f : \mathbb{Z}_p \longrightarrow K$. De plus $\mathrm{L}^1(\mathbb{Z}_p, \mu_{1,-1}) = K$. $\square$

Dans la suite, on note $\gamma_\alpha = \inf_{x \in \mathbb{Z}_p} N_{\mu_{1,\alpha}}(x)$.

Lemme 1.2.5. *Soit $\alpha = 1 + bp^r$ une unité principale de l'anneau des entiers p-adiques, différente de 1, avec $r = v_p(\alpha - 1) \geq 1$. On a:*

  – $\gamma_\alpha \geq \dfrac{1}{p^r}$, *lorsque p est impair;*

  – $\gamma_\alpha \geq \dfrac{1}{2^{r-1}}$, *lorsque $p = 2$ et $r \geq 2$.*

Démonstration. On voit aussitôt que $\mu_{1,\alpha}(a + p^n\mathbb{Z}_p) = \dfrac{1}{\alpha}\left([a\alpha]_n - \dfrac{1}{2}bp^r\right)$ pour $\alpha = 1 + bp^r$, où $r = v_p(\alpha - 1)$ est un entier ≥ 1, lorsque n et a sont des entiers tels que $n \geq 1$ et $0 \leq a \leq p^n - 1$. Deux cas se présentent :

Premier cas : p impair.

• Si $a = 0$, on a $|\mu_{1,\alpha}(p^n\mathbb{Z}_p)| = \frac{1}{p^r}$; il vient que $\left\|\chi_{p^n\mathbb{Z}_p}\right\|_{\mu_{1,\alpha}} \geq \dfrac{1}{p^r}$.

• Maintenant, supposons que $1 \leq a \leq p^n - 1$;

1. Si $\left|[a\alpha]_n\right| < \frac{1}{p^r}$, on a $|\mu_{1,\alpha}(a + p^n\mathbb{Z}_p)| = |bp^r| = \frac{1}{p^r}$;

2. Si $|[a\alpha]_n| > \frac{1}{p^r}$, on a $|\mu_{1,\alpha}(a + p^n\mathbb{Z}_p)| = |[a\alpha]_n| > \frac{1}{p^r}$.

   Pour ces deux points, on obtient $\left\|\chi_{a+p^n\mathbb{Z}_p}\right\|_{\mu_{1,\alpha}} \geq \frac{1}{p^r}$.

3. Supposons que $|[a\alpha]_n| = \frac{1}{p^r}$.

   Soit $c_n + c_{n+1}p + \cdots + c_{n+r}p^r + \cdots$ le développement de Hensel de $[a\alpha]_n$. On a alors $c_n = c_{n+1} = \cdots = c_{n+r-1} = 0$ et $c_{n+r} \neq 0$. Il vient que :

   $$[a\alpha]_{n+1} = c_{n+r}p^{r-1} + c_{n+r+1}p^r + \cdots \text{ avec } \left|[a\alpha]_{n+1}\right| = \frac{1}{p^{r-1}}.$$

   Pour ce troisième point, on a $\left|\mu_{1,\alpha}(a + p^{n+1}\mathbb{Z}_p)\right| = \frac{1}{p^{r-1}} \geq \frac{1}{p^r}$.

   Par conséquent : $\left\|\chi_{a+p^n\mathbb{Z}_p}\right\|_{\mu_{1,\alpha}} \geq \frac{1}{p^r}$, pour tout entier $a \in \{0, 1, \ldots, p^n - 1\}$.

   Soit maintenant $x \in \mathbb{Z}_p$; pour tout entier $j \geq 0$, on a $(x)_j \in \{0, 1, \ldots, p^j - 1\}$. Par conséquent on a $x + p^j\mathbb{Z}_p = (x)_j + p^j\mathbb{Z}_p$ et $\left\|\chi_{x+p^j\mathbb{Z}_p}\right\|_{\mu_{1,\alpha}} = \left\|\chi_{(x)_j+p^j\mathbb{Z}_p}\right\|_{\mu_{1,\alpha}} \geq \frac{1}{p^r}$.

   Soit V_x un ouvert compact contenant x. Il existe alors deux boules $x + p^{j_0}\mathbb{Z}_p$ et $x + p^{j_1}\mathbb{Z}_p$ tels que $x + p^{j_0}\mathbb{Z}_p \subset V_x \subset x + p^{j_1}\mathbb{Z}_p$. Par conséquent, on a

   $$\left\|\chi_{x+p^{j_1}\mathbb{Z}_p}\right\|_{\mu_{1,\alpha}} \geq \left\|\chi_{V_x}\right\|_{\mu_{1,\alpha}} \geq \left\|\chi_{x+p^{j_0}\mathbb{Z}_p}\right\|_{\mu_{1,\alpha}} \implies \left\|\chi_{V_x}\right\|_{\mu_{1,\alpha}} \geq \frac{1}{p^r}.$$

   En passant à la borne inférieure sur tous les ouverts contenant x, on obtient $N_{\mu_{1,\alpha}}(x) \geq \frac{1}{p^r}$ et $\gamma_\alpha = \inf_{x\in\mathbb{Z}_p} N_{\mu_{1,\alpha}}(x) \geq \frac{1}{p^r}$.

Deuxième cas : $p = 2$ et $r \geq 2$.

Posant $\alpha = 1 + 2^r b$, on obtient $\mu_{1,\alpha}(a + 2^n\mathbb{Z}_2) = \frac{1}{\alpha}\left([a\alpha]_n - 2^{r-1}b\right)$.

• Si $a = 0$, on a $|\mu_{1,\alpha}(2^n\mathbb{Z}_2)| = \frac{1}{2^{r-1}}$, pour $n \geq 1$. Il s'ensuit que $\left\|\chi_{2^n\mathbb{Z}_2}\right\|_{\mu_{1,\alpha}} \geq \frac{1}{2^{r-1}}$.

• Supposons que $1 \leq a \leq 2^n - 1$.

  1. Si $|[a\alpha]_n| < \frac{1}{2^{r-1}}$, on a $|\mu_{1,\alpha}(a + 2^n\mathbb{Z}_2)| = \frac{1}{2^{r-1}}$;

  2. Si $|[a\alpha]_n| > \frac{1}{2^{r-1}}$, on a $|\mu_{1,\alpha}(a + 2^n\mathbb{Z}_2)| = |[a\alpha]_n| = \frac{1}{2^{r-1}}$.

     Pour ces deux points, on obtient $\left\|\chi_{a+2^n\mathbb{Z}_2}\right\|_{\mu_{1,\alpha}} \geq \frac{1}{2^{r-1}}$.

  3. Si $|[a\alpha]_n| = \frac{1}{2^{r-1}}$, on montre que $\left\|\chi_{a+2^n\mathbb{Z}_2}\right\|_{\mu_{1,\alpha}} \geq \frac{1}{2^{r-2}} \geq \frac{1}{2^{r-1}}$ comme dans le Premier cas.

Ainsi, on a $\left\| \chi_{a+2^n \mathbb{Z}_2} \right\|_{\mu_{1,\alpha}} \geq \dfrac{1}{2^{r-1}}$, lorsque $a \in \{0, 1, \dots, 2^n - 1\}$.

Soit $x \in \mathbb{Z}_2$; on montre comme dans le cas $p \neq 2$ ci-dessus que $N_{\mu_{1,\alpha}}(x) \geq \dfrac{1}{2^{r-1}}$. On déduit de ce qui précède que $\gamma_\alpha = \inf\limits_{x \in \mathbb{Z}_2} N_{\mu_{1,\alpha}}(x) \geq \dfrac{1}{2^{r-1}}$. $\square$

Lemme 1.2.6. *Soit p un nombre premier impair et soit $\alpha = \alpha_0 + bp^r$ une unité p-adique, où α_0 est un entier tel que $2 \leq \alpha_0 \leq p-1$ et où $r = v_p(\alpha - \alpha_0)$ est un entier ≥ 2. On a alors $\gamma_\alpha \geq \dfrac{1}{p^r}$.*

Démonstration. Sous les hypothèses du Lemme 1.2.6, lorsque n et a sont des entiers tels que $n \geq 0$ et $0 \leq a \leq p^n - 1$, on a :

$$\mu_{1,\alpha}\left(a + p^n \mathbb{Z}_p\right) = \frac{1}{\alpha}\left([a\alpha]_n + \frac{1-\alpha}{2}\right) = \frac{1}{\alpha}\left[\left([a\alpha]_n - \frac{\alpha_0 - 1}{2}\right) - \frac{1}{2}bp^r\right].$$

- Si $a = 0$, on a $\left|\mu_{1,\alpha}(p^n \mathbb{Z}_p)\right| = \left|\dfrac{1-\alpha}{2\alpha}\right| = 1$; ainsi $\left\|\chi_{p^n \mathbb{Z}_p}\right\|_{\mu_{1,\alpha}} \geq 1$.
- Supposons que $a \in \{1, 2, \cdots, p^n - 1\}$.

  1. Si $\left|[a\alpha]_n - \dfrac{\alpha_0 - 1}{2}\right| < \dfrac{1}{p^r}$, on a $\left|\mu_{1,\alpha}(a + p^n \mathbb{Z}_p)\right| = \left|\dfrac{1}{2}bp^r\right| = \dfrac{1}{p^r}$.

  2. Si $\left|[a\alpha]_n - \dfrac{\alpha_0 - 1}{2}\right| > \dfrac{1}{p^r}$, on a $\left|\mu_{1,\alpha}(a + p^n \mathbb{Z}_p)\right| > \dfrac{1}{p^r}$.

  Pour ces deux points, on obtient $\left\|\chi_{a+p^n \mathbb{Z}_p}\right\|_{\mu_{1,\alpha}} \geq \dfrac{1}{p^r}$.

  3. Si $\left|[a\alpha]_n - \dfrac{\alpha_0 - 1}{2}\right| = \dfrac{1}{p^r}$, considérant $c_n + c_{n+1}p + \dots$ le développement de Hensel de $[a\alpha]_n$, deux cas se présentent suivant la parité de α_0 :

  Premier cas : α_0 impair.
  On a $c_n = \dfrac{\alpha_0 - 1}{2}$ (qui est un entier positif), $c_{n+1} = \dots = c_{n+r-1} = 0$ et $c_{n+r} \neq 0$. On obtient : $[a\alpha]_{n+1} = c_{n+r}p^{r-1} + c_{n+r+1}p^r + \dots$. Dans ce cas, puisque $r \geq 2$: $\left|[a\alpha]_{n+1} - \dfrac{\alpha_0 - 1}{2}\right| = \left|\dfrac{\alpha_0 - 1}{2}\right| = 1$ et $\left|\mu_{1,\alpha}(a + p^{n+1}\mathbb{Z}_p)\right| = 1$. De cette relation, on déduit que $\left\|\chi_{a+p^n \mathbb{Z}_p}\right\|_{\mu_{1,\alpha}} = 1$.

  Deuxième cas : α_0 pair.

Lorsque α_0 est pair, $\dfrac{\alpha_0 - 1}{2}$ est un nombre rationnel positif non entier ; son déve-loppement de Hensel est $\dfrac{\alpha_0 - 1}{2} = \dfrac{p + \alpha_0 - 1}{2} + \displaystyle\sum_{i \geq 1} \dfrac{p-1}{2} p^i$. Dans ce cas, on a :

$c_n = \dfrac{p + \alpha_0 - 1}{2}$ et pour $r \geq 2$ et $j \in \{n+1, \dots, n+r-1\}$, $c_j = \dfrac{p-1}{2}$. On obtient :

$$[a\alpha]_{n+1} = \sum_{i=0}^{r-2} \frac{p-1}{2} p^i + \sum_{i \geq r-1} c_{n+i+1} p^i, \;\; r \geq 2.$$

Par conséquent : $[a\alpha]_{n+1} - \dfrac{\alpha_0 - 1}{2} = -\dfrac{\alpha_0}{2} + \displaystyle\sum_{i \geq r-1} \left(c_{n+i+1} - \dfrac{p-1}{2} \right) p^i$, avec $r \geq 2$.

Ainsi, on a : $\left| [a\alpha]_{n+1} - \dfrac{\alpha_0 - 1}{2} \right| = \left| -\dfrac{\alpha_0}{2} \right| = 1$ et $\left| \mu_{1,\alpha}(a + p^{n+1} \mathbb{Z}_p) \right| = 1$. D'où l'on déduit que $\left\| \chi_{a+p^n \mathbb{Z}_p} \right\|_{\mu_{1,\alpha}} = 1$.

On a donc $\left\| \chi_{a+p^n \mathbb{Z}_p} \right\|_{\mu_{1,\alpha}} \geq \dfrac{1}{p^r}$, pour $a \in \{1, 2, \dots, p^n - 1\}$.

Comme dans la démonstration du Lemme 1.2.5, on obtient $N_{\mu_{1,\alpha}}(x) \geq \dfrac{1}{p^r}$, pour $x \in \mathbb{Z}_p$; d'où l'on déduit que $\gamma_\alpha \geq \dfrac{1}{p^r}$. $\square$

Lemme 1.2.7. *Soit p un nombre premier et soit $\alpha \in \mathbb{Z}$ une unité p-adique.*
 – *Si l'entier α est supérieur ou égal à 2 et est tel que $\alpha \not\equiv 1 \pmod{p}$ lorsque $p \neq 2$ et $\alpha \not\equiv 1 \pmod{4}$ lorsque $p = 2$, on a $\gamma_\alpha = 1$.*
 – *Si l'entier α est strictement inférieur à -1, on a $\gamma_\alpha \geq \min\left(\left| \dfrac{1-\alpha}{2} \right|, \left| \dfrac{1+\alpha}{2} \right| \right) > 0$.*

Démonstration. Soient n et a des entiers tels que $n \geq 0$ et $0 \leq a \leq p^n - 1$, on a :

$$\mu_{1,\alpha}(a + p^n \mathbb{Z}_p) = \frac{1}{2\alpha}(1 - \alpha + 2[a\alpha]_n).$$

• D'abord, remarquons que, si α est un entier ≥ 2 vérifiant $\alpha \not\equiv 1 \pmod{p}$ (pour p impair) ou si $\alpha = 1 + 2b$ est un entier positif tel que $v_2(\alpha - 1) = 1$, on a $\left| \dfrac{\alpha - 1}{2} \right| = 1$.

Si $a = 0$, on a $\left\| \chi_{p^n \mathbb{Z}_p} \right\|_{\mu_{1,\alpha}} \geq \left| \mu_{1,\alpha}(p^n \mathbb{Z}_p) \right| = \left| \dfrac{\alpha - 1}{2\alpha} \right| = 1$.

Maintenant supposons que $1 \leq a \leq p^n - 1$; considérant un entier j tel que $p^j \geq \alpha p^n - \alpha + 1$, on a $\alpha \leq a\alpha \leq \alpha p^n - \alpha < p^j$. Donc, on a $(a\alpha)_j = a\alpha$ et $[a\alpha]_j = 0$. Dans ce cas aussi, on a $\left\| \chi_{a+p^n \mathbb{Z}_p} \right\|_{\mu_{1,\alpha}} \geq 1$.

Ainsi, comme dans la démonstration du Lemme 1.2.5, on obtient $N_{\mu_{1,\alpha}}(x) \geq 1$, pour tout $x \in \mathbb{Z}_p$. Puisque $N_{\mu_{1,\alpha}}(x) \leq 1$, pour tout $x \in \mathbb{Z}_p$, la fonction $N_{\mu_{1,\alpha}}$ est constante et $N_{\mu_{1,\alpha}}(x) = 1 = \gamma_\alpha$, pour tout $x \in \mathbb{Z}_p$.

•• Soit α un entier négatif < -1 qui est une unité p-adique et soit a un entier tel que $1 \leq a \leq p^n - 1$. On obtient un entier strictement positif en posant $m = -a\alpha$; désignons par $s(m)$ la plus grande puissance de p dans le développement de m en base p.

D'abord, si m peut s'écrire sous la forme $m = p^{s(m)}$, on aurait $a = -\alpha^{-1}p^{s(m)}$ c'est-à-dire que a serait un nombre rationnel positif non entier, ce qui est absurde car a est un entier ; par conséquent $m \neq p^{s(m)}$.
Dans ce cas, puisque $a\alpha = -m = \left(p^{s(m)+1} - m\right) - p^{s(m)+1}$ (où l'on rappelle que $p^{s(m)+1} - m$ est un entier positif), le développement de Hensel de $a\alpha$ est donné sous la forme :

$$a\alpha = \sum_{\ell=0}^{s(m)} \beta_\ell p^\ell + \sum_{k \geq 0}(p-1)p^{s(m)+1+k}.$$

Il en résulte que $[a\alpha]_j = \sum_{i \geq 0}(p-1)p^i = -1$ et $\mu_{1,\alpha}(a + p^j\mathbb{Z}_p) = -\dfrac{1+\alpha}{2\alpha}$, lorsque j est un entier vérifiant $j > \max(s(m) + 1, n)$. D'où l'on déduit que $\left\|\chi_{a+p^n\mathbb{Z}_p}\right\|_{\mu_{1,\alpha}} \geq \left|\dfrac{\alpha+1}{2}\right|$.
Pour $a = 0$, on a $\left\|\chi_{p^n\mathbb{Z}_p}\right\|_{\mu_{1,\alpha}} \geq \left|\mu_{1,\alpha}(p^n\mathbb{Z}_p)\right| = \left|\dfrac{\alpha-1}{2}\right|$.
En récapitulant, on a : $\left\|\chi_{a+p^n\mathbb{Z}_p}\right\|_{\mu_{1,\alpha}} \geq \min\left(\left|\frac{\alpha+1}{2}\right|, \left|\frac{\alpha-1}{2}\right|\right)$, lorsque n et a sont des entiers tels que $n \geq 0$ et $0 \leq a \leq p^n - 1$. On conclut que $\gamma_\alpha \geq \min\left(\left|\dfrac{\alpha+1}{2}\right|, \left|\dfrac{\alpha-1}{2}\right|\right) > 0$. □

Lemme 1.2.8. *Soit $\alpha = 1 + 2b$ une unité 2-adique qui n'est pas un entier et telle que $|b| = 1$.*
Il existe un entier $\ell \geq 0$ tel que $\gamma_\alpha \geq \dfrac{1}{2^\ell}$.

Démonstration. Soit $\alpha = 1 + 2b$ une unité 2-adique qui n'est pas un entier et telle que $|b| = 1$. On a $\mu_{1,\alpha}(a + 2^n\mathbb{Z}_2) = \dfrac{1}{\alpha}\left([a\alpha]_n - b\right)$, où n et a sont deux entiers tels que $n \geq 0$ et $0 \leq a \leq 2^n - 1$.
Si $a = 0$, on a $\mu_{1,\alpha}(2^n\mathbb{Z}_2) = \dfrac{-b}{\alpha}$; ainsi $\left\|\chi_{2^n\mathbb{Z}_2}\right\|_{\mu_{1,\alpha}} \geq \left|\mu_{1,\alpha}(2^n\mathbb{Z}_2)\right| = 1 \geq \dfrac{1}{2^\ell}$, pour tout entier $\ell \geq 0$.
Supposons maintenant que $1 \leq a \leq 2^n - 1$; deux cas se présentent :

Premier cas : $|[a\alpha]_n| < 1$.

On a $|\mu_{1,\alpha}(a + 2^n\mathbb{Z}_2)| = \max(|[a\alpha]_n|\,,\,|b|) = |b| = 1$ et $\|\chi_{a+2^n\mathbb{Z}_2}\|_{\mu_{1,\alpha}} \geq 1 \geq \dfrac{1}{2^\ell}$, pour tout entier $\ell \geq 0$.

Deuxième cas : $|[a\alpha]_n| = 1$.

Notons par $\sum\limits_{i\geq 0} b_i 2^i$ le développement de Hensel de l'entier 2-adique b.

Comme α n'est pas un entier, b aussi n'est pas un entier. L'ensemble $\{i \geq 0, b_{i+1} \neq b_i\}$ n'est pas vide car, sinon on aurait pour tout entier $i \geq 0$ l'une des deux situations suivantes :

    1. $b_{i+1} = b_i = 0 \implies b = 0$;

    2. $b_{i+1} = b_i = 1 \implies b = -1$.

Dans ces deux conditions, α serait un entier ; ce qui n'est pas.

Donc $\{i \geq 0, b_{i+1} \neq b_i\}$ est un ensemble ordonné non vide (en fait il est même infini sinon b et α seraient des entiers) ; ainsi l'entier $s = \min\{i \geq 0, b_{i+1} \neq b_i\}$ existe.

• Si $[a\alpha]_n = b$, puisque $a\alpha = (a\alpha)_n + 2^n[a\alpha]_n$, on obtient $a\alpha = (a\alpha)_n + b_0 2^n + \sum\limits_{j\geq 0} b_{j+1} 2^{j+n+1}$,

où $(a\alpha)_n$ est un entier se développant sous la forme $(a\alpha)_n = \sum\limits_{j=0}^{n-1} \beta_j 2^j$, avec $\beta_j \in \{0, 1\}$ pour tout entier j tel que $0 \leq j \leq n - 1$. Dans ce cas :

$$(a\alpha)_{n+1} = (a\alpha)_n + b_0 2^n; \quad \text{et} \quad [a\alpha]_{n+1} = \frac{a\alpha - (a\alpha)_{n+1}}{2^{n+1}} = \sum\limits_{i\geq 0} b_{i+1} 2^i.$$

Ainsi, on obtient :

$$[a\alpha]_{n+1} - b = \sum\limits_{i\geq 0}(b_{i+1} - b_i) 2^i = \sum\limits_{i\geq s}(b_{i+1} - b_i) 2^i \implies |[a\alpha]_{n+1} - b| = |(b_{s+1} - b_s)2^s| = \frac{1}{2^s}.$$

D'où $\|\chi_{a+2^n\mathbb{Z}_2}\|_{\mu_{1,\alpha}} \geq |\mu_{1,\alpha}(a + 2^{n+1}\mathbb{Z}_2)| = \dfrac{1}{2^s}$.

•• Supposons $[a\alpha]_n \neq b$ et considérons le développement de Hensel $\sum\limits_{i\geq 0} c_{n+i} 2^i$ de $[a\alpha]_n$.

S'il existe un entier $j > n$ tel que $[a\alpha]_j = b$, on obtient comme ci-dessus : $\|\chi_{a+2^n\mathbb{Z}_2}\|_{\mu_{1,\alpha}} \geq \dfrac{1}{2^s}$.

Supposons que, pour tout $j \geq n$, $[a\alpha]_j \neq b$ et considérons n_0 le plus petit entier $\geq n$ tel que $c_{n_0} \neq b_0$; on a $|[a\alpha]_{n_0} - b| = |c_{n_0} - b_0| = 1$. On en déduit que $\|\chi_{a+2^n\mathbb{Z}_2}\|_{\mu_{1,\alpha}} \geq 1$.

Dans tous les cas, on obtient $\|\chi_{a+2^n\mathbb{Z}_2}\|_{\mu_{1,\alpha}} \geq \dfrac{1}{2^\ell}$, où ℓ est un entier ≥ 0.

Comme dans la démonstration du Lemme 1.2.7, on montre que $\gamma_\alpha \geq \dfrac{1}{2^\ell}$. $\square$

Théorème 1.2.9. *Soit $\alpha \neq 1$ une unité p-adique de l'une des formes suivantes :*

    - $\alpha = 1 + bp^r$, où $r = v_p(\alpha - 1)$ est tel que $r \geq 1$ si $p \neq 2$ et $r \geq 2$ si $p = 2$;

- $\alpha = \alpha_0 + bp^r$, si $p \neq 2$, $\alpha_0 \in \{2,\ldots,p-1\}$ et $r = v_p(\alpha - \alpha_0) \geq 2$;
- α est un entier ≥ 2 vérifiant $\alpha \not\equiv 1 \pmod p$ si $p \neq 2$ et $\alpha \not\equiv 1 \pmod 4$ si $p = 2$;
- α est un entier négatif différent de -1 ;
- $\alpha = 1 + 2b$ est une unité 2-adique tel que $|b| = 1$ et qui n'est pas un entier.

L'espace $\mathcal{L}^1(\mathbb{Z}_p, \mu_{1,\alpha})$ des fonctions $\mu_{1,\alpha}$-intégrables est égal à $\mathcal{C}(\mathbb{Z}_p, K)$.
De plus la seule fonction $\mu_{1,\alpha}$-négligeable est la fonction nulle. Il vient que $\mathcal{L}^1(\mathbb{Z}_p, \mu_{1,\alpha}) = \mathrm{L}^1(\mathbb{Z}_p, \mu_{1,\alpha})$.

Démonstration. Supposons que les conditions sur α (du Théorème 1.2.9) sont satisfaites. D'après les Lemmes 1.2.5, 1.2.6, 1.2.7 et 1.2.8, on a $\gamma_\alpha > 0$. Il résulte ainsi de la Proposition 1.1.9 que $\mathcal{L}^1(\mathbb{Z}_p, \mu_{1,\alpha}) = C(\mathbb{Z}_p, K)$. $\qquad\square$

N.B 1. Il reste à caractériser les fonctions $\mu_{1,\alpha}$-intégrables dans le cas où α appartient à l'une des couronnes $|\alpha - \alpha_0| = |p|$ pour $\alpha_0 \in \{2,\ldots,p-1\}$, avec $p \neq 2$.

Proposition 1.2.10. *Soit $f \in \mathcal{C}(\mathbb{Z}_p, K)$ et soit n un entier ≥ 0. On a :*

$$\int_{p^n\mathbb{Z}_p} f(t)d\mu_{1,\alpha}(t) = \int_{\mathbb{Z}_p} f(p^n t)d\mu_{1,\alpha}(t).$$

Démonstration. D'abord, rappelons que $[p^j x]_k = [x]_{k-j}$ si $x \in \mathbb{Z}_p$ lorsque j et k sont deux entiers tels que $1 \leq j \leq k$. Ainsi, si α est une unité p-adique, on a $[ap^j\alpha]_k = [a\alpha]_{k-j}$; ceci implique

$$\mu_{1,\alpha}(ap^j + p^k\mathbb{Z}_p) = \frac{1}{2\alpha}\left(1 - \alpha + 2\left[ap^j\alpha\right]_k\right) = \frac{1}{2\alpha}\left(1 - \alpha + 2\left[a\alpha\right]_{k-j}\right) = \mu_{1,\alpha}(a + p^{k-j}\mathbb{Z}_p).$$

La relation à démontrer est triviale pour $n = 0$.

Rappelons que, pour une fonction $f \in \mathcal{C}(\mathbb{Z}_p, K)$, la suite des fonctions $f_m = \sum_{a=0}^{p^m-1} f(a)\chi_{a+p^m\mathbb{Z}_p}$ convergent uniformément vers f. Par conséquent, n étant un entier ≥ 0, on a

$$\int_{p^n\mathbb{Z}_p} f(t)d\mu_{1,\alpha}(t) = \int_{\mathbb{Z}_p} f(t)\chi_{p^n\mathbb{Z}_p}(t)d\mu_{1,\alpha}(t) = \lim_{m\to+\infty} \sum_{a=0}^{p^m-1} (f\chi_{p^n\mathbb{Z}_p})(a)\mu_{1,\alpha}(a + p^m\mathbb{Z}_p)$$

$$= \lim_{m\to+\infty} \sum_{\substack{a=0 \\ a\equiv 0 \pmod{p^n}}}^{p^m-1} f(a)\mu_{1,\alpha}(a + p^m\mathbb{Z}_p).$$

Mais, puisque $\displaystyle\sum_{\substack{a=0 \\ a\equiv 0 \pmod{p^n}}}^{p^m-1} f(a)\mu_{1,\alpha}(a+p^m\mathbb{Z}_p) = \sum_{a=0}^{p^{m-n}-1} f(ap^n)\mu_{1,\alpha}(a+p^{m-n}\mathbb{Z}_p)$, on a

$$\int_{p^n\mathbb{Z}_p} f(t)d\mu_{1,\alpha}(t) = \lim_{m\to+\infty} \sum_{a=0}^{p^{m-n}-1} f(ap^n)\mu_{1,\alpha}(a+p^{m-n}\mathbb{Z}_p) = \int_{\mathbb{Z}_p} f(p^nt)d\mu_{1,\alpha}(t). \qquad \square$$

Proposition 1.2.11. *Lorsque k est un entier ≥ 1, on a :*

$$\int_{\mathbb{Z}_p} t^{k-1}d\mu_{1,\alpha}(t) = (1-\alpha^{-k})\frac{B_k}{k} \qquad (1.14a)$$

$$\int_{\mathbb{Z}_p} f(t)d\mu_{1,\alpha}(t) = \frac{(1-\alpha)\,f(0)}{2\alpha}, \text{ si } f \text{ est continue et paire.} \qquad (1.14b)$$

Démonstration. Soit p un nombre premier.
• Lorsque k un entier ≥ 1 et α une unité p-adique, on a $\mu_{k,\alpha}(\mathbb{Z}_p) = (1-\alpha^{-k})B_k$. Mais, en posant $f = 1 = \chi_{\mathbb{Z}_p}$ dans (1.13), on obtient $\mu_{k,\alpha}(\mathbb{Z}_p) = k\displaystyle\int_{\mathbb{Z}_p} t^{k-1}d\mu_{1,\alpha}(t)$; d'où l'on déduit (1.14a).
En particulier, les nombres de Bernoulli d'indices impairs supérieurs ou égaux à 3 étant tous nuls, il résulte de (1.14a) que $\displaystyle\int_{\mathbb{Z}_p} t^{2j}d\mu_{1,\alpha}(t) = 0$, pour tout entier $j \geq 1$.

•• Soit h une fonction polynôme paire ; supposons que h est de degré $2n$ et écrivons la sous la forme : $h(t) = \displaystyle\sum_{k=0}^{n} a_kt^{2k}$; on a $h(t) = a_0 + \displaystyle\sum_{k=1}^{n} a_kt^{2k} = h(0) + \sum_{k=1}^{n} a_kt^{2k}$. L'intégrale de h par rapport à $\mu_{1,\alpha}$ est donc donnée par :

$$\int_{\mathbb{Z}_p} h(t)d\mu_{1,\alpha}(t) = h(0)\mu_{1,\alpha}(\mathbb{Z}_p) + \int_{\mathbb{Z}_p}\left(\sum_{j=1}^{n} a_jx^{2j}\right)d\mu_{1,\alpha}(x) = \frac{h(0)(1-\alpha)}{2\alpha}.$$

D'où, toute fonction polynôme h qui est paire vérifie (1.14b).

Posons $P_n(t) = \dfrac{Q_n(t) + Q_n(-t)}{2}$, où $Q_n(t) = \dbinom{t}{n}$ est le n-ième polynôme binomial ; P_n est une fonction polynôme paire telle que $P_n(0) = Q_n(0)$. Ainsi, de la relation (1.14b), on obtient

$$\int_{\mathbb{Z}_p} P_n(t)d\mu_{1,\alpha}(t) = \frac{(1-\alpha)P_n(0)}{2\alpha}.$$

Soit $f = \sum_{k \geq 0} b_k Q_k$ une fonction continue et paire ; on a :

$$f(t) = \frac{f(t) + f(-t)}{2} = \sum_{k \geq 0} b_k \frac{Q_k(t) + Q_k(-t)}{2} = b_0 + \sum_{k \geq 1} b_k P_k(t) = f(0) + \sum_{n \geq 1} b_n P_n(t).$$

Avec ce développement de f, on obtient :

$$
\begin{aligned}
\int_{\mathbb{Z}_p} f(t) d\mu_{1,\alpha}(t) &= f(0)\mu_{1,\alpha}(\mathbb{Z}_p) + \sum_{n \geq 1} b_n \left(\int_{\mathbb{Z}_p} P_n(t) d\mu_{1,\alpha}(t) \right) \\
&= \frac{(1-\alpha)f(0)}{2\alpha} + \frac{1-\alpha}{2\alpha} \sum_{n \geq 1} b_n P_n(0) = \frac{(1-\alpha)f(0)}{2\alpha},
\end{aligned}
$$

car $P_n(0) = Q_n(0) = 0$, lorsque $n \geq 1$. D'où la relation (1.14b). $\qquad\square$

N.B 2. Il résulte de la Proposition 1.2.11 que toute fonction $f \; : \; \mathbb{Z}_p \longrightarrow K$ continue, paire et s'annulant en 0 est d'intégrale nulle par rapport aux mesures de Bernoulli de rang 1.

Corollaire 1.2.12. *Soient n et ℓ deux entiers tels que $n \geq 0$ et $\ell \geq 1$. On a :*

$$
\begin{aligned}
\int_{\mathbb{Z}_p} B_{2n}(t) d\mu_{1,\alpha}(t) &= \frac{1}{2}(\alpha^{-1} + \alpha^{-2n} - 2) B_{2n}. \\
n! \langle \mu_{1,\alpha}, \, Q_n \rangle &= \sum_{j=0}^{n} (1 - \alpha^{-j-1}) \frac{B_{j+1}}{j+1} s(n, \, j). \\
(1 - \alpha^{-\ell}) \frac{B_\ell}{\ell} &= \sum_{m=0}^{\ell-1} m! \langle \mu_{1,\alpha}, \, Q_m \rangle S(\ell - 1, \, m).
\end{aligned}
$$

où les $s(n, \, j)$[1] (resp. les $S(n, \, j)$[2].) désignent les nombres de Stirling de première espèce (resp. de deuxième espèce).

Démonstration. Si n est un entier ≥ 1, on a :

$$B_{2n}(t) = \sum_{j=0}^{2n} \binom{2n}{j} B_{2n-j} t^j = t^{2n} - nt^{2n-1} + \sum_{j=0}^{2n-2} \binom{2n}{j} B_{2n-j} t^j.$$

---

1. Pour les définitions des nombres de Stirling de première espèce voir la démonstration de la Proposition 3.1.3.
2. Voir le sous-paragraphe 3.2.1.4 pour la définition des nombres de Stirling de deuxième espèce

Les nombres de Bernoulli d'indices impairs ≥ 3 étant tous nuls, on a :

$$B_{2n}(t) + nt^{2n-1} = t^{2n} + \sum_{j=0}^{n-1} \binom{2n}{2j} B_{2(n-j)} t^{2j} = \sum_{j=1}^{n} \binom{2n}{2j} B_{2(n-j)} t^{2j} + B_{2n}.$$

La fonction $f_n(t) = B_{2n}(t) + nt^{2n-1}$ est paire telle que $f_n(0) = B_{2n}$. Ainsi, d'après ce qui précède, on a :

$$\int_{\mathbb{Z}_p} \left[B_{2n}(t) + nt^{2n-1} \right] d\mu_{1,\alpha}(t) = \frac{(1-\alpha)f_n(0)}{2\alpha} = \frac{(1-\alpha)B_{2n}}{2\alpha}.$$

Mais, puisque $\displaystyle\int_{\mathbb{Z}_p} t^{2n-1} d\mu_{1,\alpha}(t) = \frac{1}{2n}(1-\alpha^{-2n})B_{2n}$, on obtient :

$$\int_{\mathbb{Z}_p} B_{2n}(t) d\mu_{1,\alpha}(t) = \frac{1}{2}(\alpha^{-1} + \alpha^{-2n} - 2)B_{2n}.$$

Cette relation est triviale pour $n = 0$ car $\mu_{1,\alpha}(\mathbb{Z}_p) = \dfrac{\alpha^{-1} - 1}{2}$.

Pour tout entier $n \geq 0$, $Q_n(t) = \dbinom{t}{n}$ est un polynôme de degré n, de développement de Taylor $Q_n(t) = \displaystyle\sum_{j=0}^{n} \frac{s(n,j)}{n!} t^j$ (où l'on rappelle que les $s(n,j)$ sont les nombres de Stirling de première espèce). Ainsi, il résulte de la relation (1.14a) que :

$$n!\langle \mu_{1,\alpha}, Q_n \rangle = \sum_{j=0}^{n} (1 - \alpha^{-j-1}) \frac{B_{j+1}}{j+1} s(n,j).$$

D'autre part, si ℓ est un entier ≥ 1, on a $t^{\ell-1} = \displaystyle\sum_{m=0}^{\ell-1} m! S(\ell-1, m) Q_m$; ainsi, de (1.14a) on a $(1 - \alpha^{-\ell}) \dfrac{B_\ell}{\ell} = \displaystyle\sum_{m=0}^{\ell-1} m! \langle \mu_{1,\alpha}, Q_m \rangle S(\ell-1, m)$, les $S(\ell-1, m)$ étant les nombres de Stirling de deuxième espèce. $\qquad\square$

1.2.2 Comparaison des fonctions $\mu_{1,\alpha}$-intégrables avec les fonctions Riemann-$\mu_{1,\alpha}$-intégrables.

Définition 1.2.2 (fonction Riemann-μ-intégrable). *Soit μ une mesure sur l'espace compact totalement discontinu X.*
Une fonction $f : X \longrightarrow K$ est Riemann-μ-intégrable, d'intégrale $I(f) \in K$ si pour tout

$\varepsilon > 0$, *il existe une partition finie de X formée d'ouverts fermés $(A_i)_{1 \leq i \leq n}$ de X telle que pour toute partition finie formée d'ouverts fermés $(B_j)_{1 \leq j \leq m}$ de X plus fine que $(A_i)_{1 \leq i \leq n}$ et pour tout $x_j \in B_j$, on a $\left| I(f) - \sum_{j=1}^{m} f(x_j)\mu(B_j) \right| < \varepsilon$.*

Proposition 1.2.13. *Soit μ une mesure sur X et soit $f : X \longrightarrow K$ une fonction continue.*
Alors f est Riemann-μ-intégrable.

Lemme 1.2.14 (Katsaras [16], Theorem 2.1). *Soit μ une mesure sur X ; une fonction $f : X \longrightarrow K$ est Riemann-μ-intégrable si et seulement si, pour tout $\varepsilon > 0$, il existe une partition $\{A_1, A_2, \cdots, A_n\}$ de X formée d'ouverts fermés tels que $|f(t) - f(u)| \, \|\chi_{A_i}\|_\mu \leq \varepsilon$, pour tout $i \in \{1, \cdots, n\}$, et tous $t, u \in A_i$.*

Proposition 1.2.15 (Katsaras [16], Theorem 2.2). *Soit $\mu \in M(X, K)$ et soit $f : X \longrightarrow K$ une fonction quelconque. Si f est Riemann-μ-intégrable, alors f est μ-intégrable et $I(f) = \displaystyle\int_X f(t)d\mu(t)$.*

Remarque 1.2.2. L'espace des fonctions Riemann-μ-intégrables est un sous-espace de l'espace $\mathcal{L}^1(X, \mu)$ des fonctions μ-intégrables. Mais, lorsque $\mu = \mu_{1,\alpha}$, dans les conditions du Théorème 1.2.9, les deux espaces de fonctions coïncident puisque $\mathcal{C}(\mathbb{Z}_p, K) \subset \mathcal{R}(\mathbb{Z}_p, \mu_{1,\alpha}) \subset \mathcal{L}(\mathbb{Z}_p, \mu_{1,\alpha}) = \mathcal{C}(\mathbb{Z}_p, K)$, où l'on a designé par $\mathcal{R}(\mathbb{Z}_p, \mu_{1,\alpha})$ l'espace des fonctions Riemann-$\mu_{1,\alpha}$-intégrables.

1.3 Inversibilité des mesures $\mu_{1,\alpha}$.

Dans tout ce qui suit, si n est un entier ≥ 1, nous désignerons par $s(n) = [\log_p n]$ la partie entière du nombre réel $\log_p n$, où $\log_p$ est le logarithme de base p ; $s(n)$ est en fait la plus grande puissance de p dans le développement de n en base p.

1.3.1 Intégrales des éléments de la base de van der Put.

Définition 1.3.1 (M. van der Put). *Soit n un entier ≥ 1 et soit x un entier p-adique. On dit que n est une partie initiale de x, et on note $n \vartriangleleft x$ si, et seulement si $|x - n| < \dfrac{1}{n}$.*

Considérons pour $n \geq 0$, la fonction $e_n : \mathbb{Z}_p \longrightarrow K$ définie par $e_n(s) = 1$ si $n \lhd s$, et $e_n(s) = 0$, autrement. On a alors $e_n(s) = 1$ si $|s - n| < \dfrac{1}{n}$ et $e_n(s) = 0$ si $|s - n| \geq \dfrac{1}{n}$. En d'autres termes, e_n est la fonction caractéristique de $D^- \left(n, \dfrac{1}{n} \right)$, pour $n \geq 1$.

On convient que 0 est la partie initiale de tout élément x de $\mathbb{Z}_p$; donc $e_0 = 1 = \chi_{\mathbb{Z}_p}$.

Pour le théorème suivant, qui est un résultat bien connu, voir par exemple [7, 29] pour plus de précisions.

Théorème 1.3.1 (M. van der Put). *La suite de fonctions* $(e_n)_{n \geq 0}$ *définie ci-dessus est une base orthonormale de* $\mathcal{C}(\mathbb{Z}_p, K)$ *appelée base de van der Put.*

Proposition 1.3.2. *Soit* n *un entier* ≥ 1. *Alors, on a* :

$$\int_{\mathbb{Z}_p} e_n(t) d\mu_{1,\alpha}(t) = \frac{1}{2\alpha} \left(1 - \alpha + 2 \left[n\alpha \right]_{s(n)+1} \right).$$

Démonstration. Pour n entier ≥ 1, $s(n)$ étant la plus grande puissance de p dans le développement de n en base p, on a $p^{s(n)} \leq n < p^{s(n)+1}$, ce qui implique que $p^{-s(n)-1} < \dfrac{1}{n} \leq p^{-s(n)}$. On a : $n + p^{s(n)+1}\mathbb{Z}_p = \left\{ x \in \mathbb{Z}_p, \ |x - n| \leq p^{-s(n)-1} \right\} = \left\{ x \in \mathbb{Z}_p, \ |x - n| < p^{-s(n)} \right\}$. Ainsi, si $x \notin n + p^{s(n)+1}\mathbb{Z}_p$ on a $|x - n| \geq p^{-s(n)} \geq \dfrac{1}{n}$; il en résulte que $e_n(x) = 0$.

De même, si $x \in n + p^{s(n)+1}\mathbb{Z}_p$, on a $|x - n| < p^{-s(n)-1} < \dfrac{1}{n} \implies e_n(x) = 1$. Donc, e_n est la fonction caractéristique de la boule $n + p^{s(n)+1}\mathbb{Z}_p$. Ainsi, on a :

$$\int_{\mathbb{Z}_p} e_n(t) d\mu_{1,\alpha}(t) = \mu_{1,\alpha}(n + p^{s(n)+1}\mathbb{Z}_p) = \frac{1}{2\alpha} \left(1 - \alpha + 2 \left[n\alpha \right]_{s(n)+1} \right).$$

$\square$

1.3.2 Inversibilité des mesures $\mu_{1,\alpha}$.

Lemme 1.3.3. *Soit* p *un nombre premier et soit* $\alpha = 1 + bp^r$ *une unité principale de l'anneau des entiers* p*-adiques, différente de* 1 *(avec* $r = v_p(\alpha - 1) \geq 1$*).*

Il existe un entier $n \geq 1$ *tel que* $\left| [n\alpha]_{s(n)+1} \right| = 1$.

Démonstration. Soit p un nombre premier et soit $\alpha = 1 + bp^r$ une unité principale de l'anneau des entiers p-adiques, différent de 1 (avec $r = v_p\,(\alpha - 1) \geq 1$). Considérant l'entier positif n défini par $n = p + \cdots + p^r$, on a $s(n) = r$ et :

$$
\begin{aligned}
n\alpha &= (p + \cdots + p^r)(1 + bp^r) \\
&= p + \cdots + p^r + bp^{r+1}(1 + p + \cdots + p^{r-1}) \\
&= p + \cdots + p^{s(n)} + bp^{s(n)+1}(1 + p + \cdots + p^{s(n)-1}).
\end{aligned}
$$

D'où l'on a $[n\alpha]_{s(n)+1} = b(1 + p + \cdots + p^{s(n)-1})$ et donc $\left|[n\alpha]_{s(n)+1}\right| = 1$. $\qquad\square$

N.B 3. En fait, pour tout entier positif n de la forme $n = p^{s(n)-r+1}(1 + p + \cdots + p^{r-1})$, on a $\left|[n\alpha]_{s(n)+1}\right| = 1$.

Théorème 1.3.4. *Soit p un nombre premier et soit α une unité p-adique différente de 1. Alors $\|\mu_{1,\alpha}\| = 1$.*

Démonstration. Soient p un nombre premier et $\alpha \neq 1$ une unité p-adique.
• Supposons que p est impair.

Lorsque α est une unité p-adique de la forme $\alpha = \alpha_0 + bp^r$, avec $\alpha_0 \in \{2, 3, \cdots, p-1\}$ et $r = v_p\,(\alpha - \alpha_0) \geq 1$, on a : $|2\alpha| = 1$ et $|1 - \alpha| = |(1 - \alpha_0) - bp^r| = |1 - \alpha_0| = 1$.

De même, lorsque α est un entier tel que $2 \leq \alpha \leq p - 1$ on a $|2\alpha| = 1$ et $|1 - \alpha| = 1$; ainsi :

$$
1 = \left|\frac{1 - \alpha}{2\alpha}\right| = |\langle \mu_{1,\alpha},\, e_0\rangle| \leq \|\mu_{1,\alpha}\| \leq 1.
$$

Il en résulte que $\|\mu_{1,\alpha}\| = 1$.

•• Si $\alpha = 1 + bp^r$ est une unité principale de l'anneau des entiers p-adiques, différente de 1, deux cas se présentent :

Premier cas : $p \neq 2$ ou $r \geq 2$.

D'après le Lemme 1.3.3, il existe un entier $n_0 \geq 1$ tel que $\left|[n_0\alpha]_{s(n_0)+1}\right| = 1$. Dans ce cas, on a : $1 = |\langle \mu_{1,\alpha},\, e_{n_0}\rangle| \leq \|\mu_{1,\alpha}\| \leq 1 \implies \|\mu_{1,\alpha}\| = 1$.

Deuxième cas : $r = 1$ et $p = 2$.

On a $\alpha = 1 + 2b$ et $\langle \mu_{1,1+2b},\, e_0\rangle = \dfrac{-2b}{2(1 + 2b)} = \dfrac{-b}{\alpha}$ avec $|b| = 1$. Par conséquent :

$$
1 = \left|\frac{-b}{\alpha}\right| = |\langle \mu_{1,1+2b},\, e_0\rangle| \leq \|\mu_{1,1+2b}\| \leq 1 \implies \|\mu_{1,1+2b}\| = 1.
$$

D'où $\|\mu_{1,\alpha}\| = 1$ lorsque α est une unité p-adique différente de 1. $\qquad\square$

Soit α une unité p-adique. L'intégrale du n-ième polynôme binomial Q_n par rapport à la mesure $\mu_{1,\alpha}$ est donnée par $\langle \mu_{1,\alpha},\, Q_n\rangle = \displaystyle\sum_{j=0}^{n} \frac{s(n,\, j)}{n!}\big(1-\alpha^{-1-j}\big)\frac{B_{j+1}}{j+1}$ (Corollaire 1.2.12). Ainsi, le développement de $\mu_{1,\alpha}$ sous forme de série faiblement convergente est donné par :

$$\mu_{1,\alpha} = \sum_{n=0}^{+\infty}\sum_{j=0}^{n} \frac{s(n,\, j)}{n!}\big(1-\alpha^{-1-j}\big)\frac{B_{j+1}}{j+1}\omega^n$$

$$= \frac{1-\alpha}{2\alpha}\delta_0 + \sum_{n=1}^{+\infty}\frac{1}{n!}\Big[\sum_{j=1}^{n} s(n,\, j)(1-\alpha^{-1-j})\frac{B_{j+1}}{j+1}\Big]\omega^n.$$

où l'on rappelle que $\omega = \delta_1 - \delta_0$. Donc on peut écrire la série formelle $S_{1,\alpha} \in K\langle X\rangle$, associée à la mesure $\mu_{1,\alpha}$, sous la forme :

$$S_{1,\alpha}(X) = \sum_{n=0}^{+\infty}\frac{1}{n!}\Big[\sum_{j=0}^{n} s(n,\, j)\big(1-\alpha^{-1-j}\big)\frac{B_{j+1}}{j+1}\Big]X^n.$$

Rappelons (cf. par exemple [7]) qu'un élément S de l'algèbre de Banach $K\langle X\rangle$ est inversible si et seulement si $\|S\| = |S(0)| \neq 0$.

Théorème 1.3.5. *Soit p un nombre premier et soit α une unité p-adique.*
La mesure $\mu_{1,\alpha}$ est inversible pour le produit de convolution si et seulement si $\alpha \not\equiv 1$ (mod p), lorsque p est impair (resp. $\alpha \not\equiv 1$ (mod 4), lorsque $p = 2$).
Dans ce cas, son inverse ν_α est donnée par la formule :

$$\nu_\alpha = \sum_{n\geq 0} d_n(\alpha)\omega^n,$$

avec $d_0(\alpha) = \dfrac{2\alpha}{1-\alpha}$, $d_1(\alpha) = \dfrac{1+\alpha}{3(1-\alpha)}$ *et pour $n \geq 2$:*

$$d_n(\alpha) = \alpha^n\left(\frac{2\alpha}{1-\alpha}\right)^{n+1}\sum_{\substack{i_1+\cdots+i_j=n\\ i_1,\ldots,i_j\geq 1}}(-1)^j\binom{\alpha^{-1}}{i_1+2}\cdots\binom{\alpha^{-1}}{i_j+2}.$$

Démonstration. Soit p un nombre premier. La série formelle à coefficients bornés $S_{1,\alpha}(X)$ correspondant à la mesure $\mu_{1,\alpha}$ est telle que $S_{1,\alpha}(0) = \langle \mu_{1,\alpha},\, Q_0\rangle = \dfrac{1-\alpha}{2\alpha}$.
Les algèbres de Banach $M(\mathbb{Z}_p, K)$ et $K\langle X\rangle$ étant isométriquement isomorphes, la mesure $\mu_{1,\alpha}$ est inversible dans $M(\mathbb{Z}_p, K)$ (pour le produit de convolution) si et seulement si la série formelle $S_{1,\alpha}$ est inversible dans $K\langle X\rangle$ (pour le produit de Cauchy).

D'après le Théorème 1.3.4, la norme de la mesure $\mu_{1,\alpha}$ est égale 1 si $\alpha \neq 1$. Ainsi, $S_{1,\alpha}$ est inversible dans $K\langle X\rangle$ si et seulement si :

$$1 = \|S_{1,\alpha}\| = |S_{1,\alpha}(0)| = \left|\frac{1-\alpha}{2\alpha}\right| = \left|\frac{1-\alpha}{2}\right|.$$

Par conséquent, on voit que $\mu_{1,\alpha}$ est inversible si et seulement si $\alpha \not\equiv 1 \pmod{p}$ pour $p \neq 2$ (resp. $\alpha \not\equiv 1 \pmod 4$ pour $p = 2$).

On montre comme dans [22] que la série formelle à coefficients bornés $S_{1,\alpha}$ associée à la mesure $\mu_{1,\alpha}$ est donnée par

$$S_{1,\alpha}(X) = \frac{1}{X} - \frac{\alpha^{-1}}{(1+X)^{\alpha^{-1}} - 1} = \frac{U_\alpha(X)}{1 + XU_\alpha(X)},$$

avec $U_\alpha(X) = \alpha \sum_{j \geq 0} \binom{\alpha^{-1}}{j+2} X^j$.

Mais, α étant une unité p-adique telle que $\alpha \not\equiv 1 \pmod{p}$ pour $p \neq 2$ et $\alpha \not\equiv 1 \pmod 4$ pour $p = 2$ et puisque $U_\alpha(0) = \alpha\binom{\alpha^{-1}}{2} = \frac{1-\alpha}{2\alpha}$, on a $1 = \left|\frac{1-\alpha}{2\alpha}\right| = |U_\alpha(0)| \leq \|U_\alpha\| \leq 1$.
On voit ainsi que $\|U_\alpha\| = |U_\alpha(0)| = 1$; ainsi U_α est inversible dans $K\langle X\rangle$. La série $1 + XU_\alpha$ est telle que $(1 + XU_\alpha(0) = 1$. De plus on a $\|1 + XU_\alpha\| = 1$. Il vient que $1 + XU_\alpha$ est inversible dans $K\langle X\rangle$. On en déduit que $\mu_{1,\alpha} = U_\alpha(\omega)\left[1 + \omega U_\alpha(\omega)\right]^{-1}$ et que son inverse, ν_α, pour le produit de convolution est donnée par :

$$\nu_\alpha = U_\alpha(\omega)^{-1}\left[1 + \omega U_\alpha(\omega)\right] = \omega + U_\alpha(\omega)^{-1}.$$

Posant $c_j(\alpha) = \binom{\alpha^{-1}}{j+2}$ pour $j \geq 0$, $b_0(\alpha) = 0$ et $b_j(\alpha) = c_0(\alpha)^{-1}c_j(\alpha)$ pour $j \geq 1$, on a :

$$U_\alpha(\omega)^{-1} = \alpha^{-1}c_0(\alpha)^{-1}\left[1 + \sum_{n \geq 1} b_n(\alpha)\omega^n\right]^{-1} = \alpha^{-1}c_0(\alpha)^{-1}\sum_{j \geq 0}(-1)^j\left[\sum_{n \geq 1} b_n(\alpha)\omega^n\right]^j.$$

Comme $c_0(\alpha)^{-1} = \frac{2\alpha^2}{1-\alpha}$, on a : $U_\alpha(\omega)^{-1} = \frac{2\alpha}{1-\alpha} + \frac{2\alpha}{1-\alpha}\sum_{j \geq 1}\sum_{n \geq 1}(-1)^j b_n(j,\alpha)\omega^n$, avec

$b_n(j,\alpha) = \sum_{i_1 + \cdots + i_j = n} b_{i_1}(\alpha)\cdots b_{i_j}(\alpha)$. Puisque $b_n(j,\alpha) = \sum_{i_1 + \cdots + i_j = n} b_{i_1}(\alpha)\cdots b_{i_j}(\alpha) = 0$, pour

$j \geq n+1$ et $b_0(\alpha) = 0$, on a $b_n(j,\alpha) = \sum_{\substack{i_1,\ldots,i_j \geq 1 \\ i_1 + \cdots + i_j = n}} b_{i_1}(\alpha)\cdots b_{i_j}(\alpha)$, pour $j \leq n$. Plus

précisément, pour $j \leq n$, on a $b_n(j,\alpha) = \left(\frac{2\alpha^2}{1-\alpha}\right)^n \sum_{\substack{i_1,\ldots,i_j \in \{1,\ldots,n\} \\ i_1 + \cdots + i_j = n}} \binom{\alpha^{-1}}{i_1+2}\cdots\binom{\alpha^{-1}}{i_j+2}$.

On a donc $U_\alpha(\omega)^{-1} = \dfrac{2\alpha}{1-\alpha} + \dfrac{2\alpha}{1-\alpha} \sum_{n\geq 1} \sum_{j=1}^{n} (-1)^j b_n(j,\alpha)\omega^n$ et :

$$\nu_\alpha = \omega + U_\alpha(\omega)^{-1} = \frac{2\alpha}{1-\alpha}\delta_0 + \left[1 - \frac{2\alpha}{1-\alpha}b_1(1,\alpha)\right]\omega + \frac{2\alpha}{1-\alpha}\sum_{n\geq 2}\sum_{j=1}^{n}(-1)^j b_n(j,\alpha)\omega^n.$$

Comme $b_1(1,\alpha) = b_1(\alpha) = \dbinom{\alpha^{-1}}{2}^{-1}\dbinom{\alpha^{-1}}{3} = \dfrac{1-2\alpha}{3\alpha}$, on obtient :

$$\nu_\alpha = \frac{2\alpha}{1-\alpha}\delta_0 + \frac{1+\alpha}{3(1-\alpha)}\omega + \frac{2\alpha}{1-\alpha}\sum_{n\geq 2}\left[\sum_{j=1}^{n}(-1)^j b_n(j,\alpha)\right]\omega^n = \sum_{n\geq 0} d_n(\alpha)\omega^n,$$

où $d_0(\alpha) = \dfrac{2\alpha}{1-\alpha}$, $d_1(\alpha) = \dfrac{1+\alpha}{3(1-\alpha)}$ et pour $n \geq 2$:

$$
\begin{aligned}
d_n(\alpha) &= \frac{2\alpha}{1-\alpha}\sum_{j=1}^{n}(-1)^j b_n(j,\alpha)\\
&= \alpha^n\left(\frac{2\alpha}{1-\alpha}\right)^{n+1}\sum_{\substack{i_1+\cdots+i_j=n\\i_1,\ldots,i_j\in\{1,\ldots,n\}}}(-1)^j\binom{\alpha^{-1}}{i_1+2}\cdots\binom{\alpha^{-1}}{i_j+2}.
\end{aligned}
$$

$\square$

Chapitre 2

2. Propriétés des mesures $\mu(p) = \sum\limits_{\alpha^{p-1}=1} \mu_{1,\alpha}$.

2.1 Les mesures $\mu(p) = \sum\limits_{\alpha^{p-1}=1} \mu_{1\alpha}$ et leurs moments.

Définition 2.1.1. *Soit $\nu \in M(\mathbb{Z}_p, K)$; on appelle moments de ν, les éléments de la suite $(m_n)_{n \geq 0} \subset K$ définis par $m_n = \int_{\mathbb{Z}_p} t^n d\nu(t)$; m_n est appelé le moment d'ordre n de ν.*

La série $w(y) = \sum\limits_{n \geq 0} m_n \dfrac{z^n}{n!}$ est la série génératrice exponentielle de la suite $(m_n)_n$.

On désigne dans toute la suite par $\log_p$ le logarithme de base p. Le Lemme qui suit est un résultat bien connu pour lequel nous donnons une démonstration, vu son importance.

Lemme 2.1.1. *Soient $\nu \in M(\mathbb{Z}_p, K)$ et $(m_n)_{n \geq 0}$ la suite de ses moments. On a :*

$$m_{rp^k + s} \equiv m_{rp^{k-1} + s} \pmod{p^{k+\ell}}, \tag{2.1}$$

où $\ell = \left[-\log_p \|\nu\| \right]$ est la partie entière du nombre réel $-\log_p \|\nu\|$ et où k et r sont des entiers ≥ 1 tels que $(r, p) = 1$, $k + \ell > 0$ et s un entier ≥ 0.

Démonstration. Soit $\nu \in M(\mathbb{Z}_p, K)$ une mesure de moment d'ordre n noté m_n.

D'abord, comme ν est bornée, il existe un entier $\ell = \ell(\nu)$ tel que $|p|^{\ell+1} < \|\nu\| \leq |p|^\ell$; ainsi :

$$-(\ell+1) \log p < \log \|\nu\| \leq -\ell \log p \implies \ell \leq -\log_p \|\nu\| < \ell + 1.$$

D'où l'on déduit que $\ell = \left[-\log_p \|\nu\| \right]$ est la partie entière du nombre réel $-\log_p \|\nu\|$.

Soient r un entier premier à p et s un entier ≥ 0 ; on a :

$$m_{rp^k + s} - m_{rp^{k-1} + s} = \int_{\mathbb{Z}_p} \left(t^{rp^k + s} - t^{rp^{k-1} + s} \right) d\nu(t) = \int_{\mathbb{Z}_p} t^s \left[(t^r)^{p^k} - (t^r)^{p^{k-1}} \right] d\nu(t).$$

Mais, pour $x \in \mathbb{Z}_p$, on a $x^p \equiv x \pmod{p}$ d'après le petit théorème de Fermat. On obtient par récurrence : $x^{p^k} \equiv x^{p^{k-1}} \pmod{p^k}$, lorsque k est un entier ≥ 1. Il en résulte que

$\sup\limits_{x\in\mathbb{Z}_p} \left| x^{p^k} - x^{p^{k-1}} \right| \leq p^{-k}$, pour $k \geq 1$. En utilisant la relation (1.2), on obtient :

$$\left| m_{rp^k+s} - m_{rp^{k-1}+s} \right| \leq \sup\limits_{t\in\mathbb{Z}_p} \left| (t^r)^{p^k} - (t^r)^{p^{k-1}} \right| \|\nu\| \leq p^{-k}\|\nu\| \leq p^{-k-\ell},$$

ce qui signifie que $m_{rp^k+s} \equiv m_{rp^{k-1}+s} \pmod{p^{k+\ell}}$, si $k + \ell > 0$. $\qquad\square$

N.B 4. Soient a et b deux éléments de K et soit m un entier ≥ 1. On dit que $a \equiv b$ (mod p^m) si $|a-b| \leq |p|^m$. Ceci signifie que $a-b$ est un élément de l'idéal $p^m\Lambda$ de l'anneau de valuation Λ de K.

Notons ici qu'une étude systématique du problème des moments p-adiques des mesures sur $\mathbb{Z}_p$ de normes ≤ 1 et à valeurs dans $\mathbb{Q}_p$ a été faite par L. Van Hamme dans [33].

Moments des mesures $\mu(p) = \sum\limits_{\alpha^{p-1}=1} \mu_{1,\alpha}$.

Soit p un nombre premier.

Les racines de l'unité contenues dans $\mathbb{Q}_p$ sont pour $p \neq 2$ les racines $(p-1)$-ièmes de l'unité et pour $p = 2$, 1 et -1.

Considérons la mesure $\mu(p) = \sum\limits_{\alpha^{p-1}=1} \mu_{1,\alpha}$, où $\mu_{1,\alpha}$ est la mesure de Bernoulli de rang 1 normalisée par α ; on a :

 – $\mu(2) = \mu_{1,1} = 0$.
 – $\mu(3) = \mu_{1,1} + \mu_{1,-1} = \mu_{1,-1} = -\delta_0$ d'après la Proposition 1.2.4, où δ_0 désigne la mesure de Dirac au point 0.

   Le moment d'ordre n de la mesure $\mu(3)$ est donc égal à -1 si $n = 0$ et à zéro lorsque $n \geq 1$.

Dans la suite, on suppose que p est un nombre premier ≥ 5. De plus, si r est un nombre réel, on désigne par $[r]$ la partie entière de r.

Lemme 2.1.2. *Soit p un nombre premier ≥ 5 fixé et soit n un entier ≥ 0. Le moment d'ordre n de $\mu(p)$, noté $m_{n,\mu(p)}$, est donné par :*

$$m_{n,\mu(p)} = \begin{cases} 0, & \text{si } p-1|n+1 \\ (p-1)\frac{B_{n+1}}{n+1}, & \text{sinon.} \end{cases}$$

En outre, l'intégrale du n-ième polynôme binomial Q_n est donnée par :

$$\langle \mu(p), Q_0 \rangle = \frac{1-p}{2} \quad \text{et}$$

$$\langle \mu(p), Q_n \rangle = \frac{p-1}{n!} \sum_{\substack{k=0 \\ p-1|2k+2}}^{\left[\frac{n-1}{2}\right]} s(n, 2k+1)\frac{B_{2k+2}}{2k+2}, \quad \text{si } n \geq 1.$$

où l'on rappelle que les $s(n, j)$ désignent les nombres de Stirling de première espèce.

Démonstration. Le moment d'ordre n de la mesure $\mu_{1,\alpha}$, noté $m_{n,\alpha}$, est donné par :

$$m_{n,\alpha} = (1 - \alpha^{-1-n})\frac{B_{n+1}}{n+1},$$

où $n \geq 0$ (Proposition 1.2.11). Il vient que $m_{n,\,\mu(p)} = \sum\limits_{\alpha^{p-1}=1} m_{n,\alpha} = \frac{B_{n+1}}{n+1} \sum\limits_{\alpha^{p-1}=1} (1 - \alpha^{-n-1}).$

   – Si $p - 1 | n + 1$, on a $\alpha^{-n-1} = 1$; ainsi $m_{n,\,\mu(p)} = 0.$

   – Si $p - 1 \nmid n + 1$, on a : $\sum\limits_{\alpha^{p-1}=1} (1 - \alpha^{-n-1}) = p - 1 - \sum\limits_{\alpha^{p-1}=1} \alpha^{-n-1} = p - 1.$ Dans ce

   cas, on obtient : $m_{n,\,\mu(p)} = (p - 1)\dfrac{B_{n+1}}{n+1}.$

D'où l'on déduit que $m_{n,\,\mu(p)} = \begin{cases} 0, & \text{si } p - 1 | n + 1 \\ (p - 1)\dfrac{B_{n+1}}{n+1}, & \text{sinon.} \end{cases}$

Pour $n \geq 1$, on a $m_{2n,\mu(p)} = 0$; de plus, lorsque j est un entier ≥ 0 et ℓ un entier tel que $1 \leq \ell \leq p - 2$, on obtient :

$$\begin{aligned} m_{j(p-1)-1,\,\mu(p)} &= 0, \text{ avec } j \neq 0 \\ m_{j(p-1)+\ell-1,\,\mu(p)} &= (p - 1)\frac{B_{j(p-1)+\ell}}{j(p-1)+\ell}. \end{aligned}$$

D'autre part, puisque Q_n se développe sous la forme $Q_n = \dfrac{1}{n!} \sum\limits_{j=0}^{n} s(n, j)t^j$, où les $s(n, j)$ désignent les nombres de Stirling de première espèce, on a :

$$\langle \mu(p),\, Q_n \rangle = \begin{cases} -\dfrac{p-1}{2}, & \text{si } n = 0 \\ \dfrac{p-1}{n!} \sum\limits_{\substack{j=0 \\ p-1 \nmid j+1}}^{n} s(n, j)\dfrac{B_{j+1}}{j+1}, & \text{si } n \geq 1 \end{cases}$$

Pour $n \geq 1$, on a $s(n, 0) = 0$ et $B_{j+1} = 0$ si j est un entier pair ≥ 1. Donc, pour $n \geq 1$,

on a : $\langle \mu(p),\, Q_n \rangle = \dfrac{p-1}{n!} \sum\limits_{\substack{k=0 \\ p-1 \nmid 2k+2}}^{\left[\frac{n-1}{2}\right]} s(n, 2k + 1)\dfrac{B_{2k+2}}{2k+2}.$ $\square$

Proposition 2.1.3. *On a les congruences de Kummer suivantes :*

$$\frac{B_{rp^k+s}}{rp^k + s} \equiv \frac{B_{rp^{k-1}+s}}{rp^{k-1} + s} \pmod{p^k}, \text{ si } p \geq 5, \tag{2.2}$$

où r, k et s sont des entiers tels que $(r, p) = 1$, $k \geq 1$, $s \geq 1$ et $p - 1 \nmid rp^{k-1} + s$.

Démonstration. Si α est une unité p-adique $\neq 1$, on a $\|\mu_{1,\alpha}\| = 1$ (Théorème 1.3.4) ; dans ce cas, on a $\|\mu(p)\| = \left\| \sum\limits_{\alpha^{p-1}=1} \mu_{1,\alpha} \right\| \leq 1$.

Mais, puisque $\langle \mu(p), Q_0 \rangle = -\dfrac{p-1}{2}$ (Lemme 2.1.2), on a $\|\mu(p)\| \geq |\langle \mu(p), Q_0 \rangle| = 1$, lorsque $p \geq 5$. Par conséquent $\|\mu(p)\| = |\langle \mu(p), Q_0 \rangle| = 1$.

Soit n un entier ≥ 0 et soit p un nombre premier ≥ 5 fixé. Le moment d'ordre n de la mesure $\mu(p)$ est donné par : $m_{n,\,\mu(p)} = \begin{cases} 0, & \text{si } p-1|n+1 \\ (p-1)\dfrac{B_{n+1}}{n+1}, & \text{sinon.} \end{cases}$ (Lemme 2.1.2).

La suite $(m_{n,\,\mu(p)})_{n\geq 0}$ vérifie donc la relation (2.1). La mesure $\mu(p)$ étant de norme égale à 1, on obtient alors la relation (2.2). $\qquad\qquad\square$

2.2 Quelques formules autour des mesures $\mu(p) = \sum\limits_{\alpha^{p-1}=1} \mu_{1,\alpha}$.

Proposition 2.2.1. *Si* $f : \mathbb{Z}_p \longrightarrow K$ *est une fonction continue et paire alors :*

$$\int_{\mathbb{Z}_p} f(t)d\mu(p)(t) = \frac{(1-p)f(0)}{2}.$$

Démonstration. Lorsque $f \in \mathcal{C}(\mathbb{Z}_p, K)$ est une fonction paire, son intégrale par rapport à la mesure $\mu_{1,\alpha}$ est égale a $\displaystyle\int_{\mathbb{Z}_p} f(x)d\mu_{1,\alpha}(x) = \frac{(\alpha^{-1}-1)f(0)}{2}$ (Proposition 1.2.11). Dans ce cas : $\displaystyle\int_{\mathbb{Z}_p} f(x)d\mu(p)(x) = \frac{f(0)}{2} \sum\limits_{\alpha^{p-1}=1} (\alpha^{-1}-1) = \frac{(1-p)f(0)}{2}.$ $\qquad\square$

Remarque 2.2.1. On définit un opérateur de dérivation $\mathcal{D}$ sur l'algèbre des mesures $M(\mathbb{Z}_p, K)$ en posant $\mathcal{D} = (1+\omega)\dfrac{d}{d\omega}$.

Soit n un entier ≥ 0 et soit $\nu \in M(\mathbb{Z}_p, K)$. On montre que le moment d'ordre n de ν est donné par $m_{n,\nu} = \mathcal{D}^n(\nu)(0) = D^n(S_\nu)(0)$, où S_ν est la série formelle à coefficients bornés associée à ν et où $D = (1+X)\dfrac{d}{dX}$ est un opérateur de dérivation sur l'algèbre des séries formelles à coefficients bornés $K\langle X \rangle = \left\{ S = \sum\limits_{n\geq 0} a_n X^n,\ \|S\| = \sup\limits_{n\geq 0} |a_n| < +\infty \right\}$ (voir la démonstration de la Proposition 2.2.7).

Définition 2.2.1. *Soient ν une mesure sur $\mathbb{Z}_p$ (à valeurs dans K), S_ν la série formelle à coefficients bornés associée à ν et $(m_{n,\nu})_n$ la suite des moments de ν.*
La série génératrice exponentielle des moments $(m_{n,\nu})_n$ est la série formelle $w_\nu(y)$ définie par :

$$w_\nu(y) = \sum_{n=0}^{+\infty} \frac{m_{n,\nu}}{n!} y^n = \sum_{n=0}^{+\infty} \frac{D^n S_\nu(0)}{n!} y^n.$$

Soit K un corps ; l'anneau des séries formelles $K[[y]]$ est un anneau intègre et admet un corps des fractions appelé corps des séries formelles de Laurent que l'on note $K((y))$. Et comme toute série formelle $S \in K[[y]]$ s'écrit $S = a_m y^m + a_{m+1} y^{m+1} + \cdots + a_j y^j + \cdots$ avec $m \geq 0$, $a_m \neq 0$, on a $S(y) = y^m T(y)$ avec $T(0) = a_m \neq 0$. Ainsi T est inversible dans $K[[y]]$. Donc l'inverse de S dans le corps des fractions $K((y))$ est donné par $S^{-1} = y^{-m} T^{-1}$, avec $T^{-1} \in K[[y]]$. De là on voit que tout élément F de $K((y))$ se met sous la forme $F = b_k y^k + b_{k+1} y^{k+1} + \cdots + b_n y^n + \cdots$, $b_k \neq 0$, l'entier k pouvant être négatif et appelé l'ordre de F.

Lemme 2.2.2. *La série génératrice exponentielle des moments de la mesure $\mu_{1,\alpha}$ est égale à la série formelle de Laurent $w_{1,\alpha}(y)$ définie sur $\mathbb{Q}_p((y))$ par :*

$$w_{1,\alpha}(y) = \frac{1}{e^y - 1} - \frac{\alpha^{-1}}{e^{\alpha^{-1}y} - 1}. \tag{2.3}$$

Démonstration. Lorsque α est une unité p-adique, le moment d'ordre n de la mesure $\mu_{1,\alpha}$ étant donné par $m_{n,\alpha} = (1 - \alpha^{-1-n}) \dfrac{B_{n+1}}{n+1}$, on a par définition

$$w_{1,\alpha}(y) = \sum_{n=0}^{+\infty} \frac{m_{n,\alpha}}{n!} y^n = \sum_{n=0}^{+\infty} (1 - \alpha^{-1-n}) \frac{B_{n+1}}{(n+1)!} y^n = \frac{1}{y} \left[\sum_{n=1}^{+\infty} \frac{B_n}{n!} y^n - \sum_{n=1}^{+\infty} \frac{B_n}{n!} (\alpha^{-1} y)^n \right].$$

La série génératrice exponentielle des nombres de Bernoulli étant donnée par $\sum\limits_{n \geq 0} \dfrac{B_n}{n!} y^n = \dfrac{y}{e^y - 1}$, on a

$$w_{1,\alpha}(y) = \frac{1}{y} \left[\left(\frac{y}{e^y - 1} - 1 \right) - \left(\frac{\alpha^{-1}y}{e^{\alpha^{-1}y} - 1} - 1 \right) \right] = \frac{1}{e^y - 1} - \frac{\alpha^{-1}}{e^{\alpha^{-1}y} - 1}.$$

$\square$

Soit i une racine carrée de -1 dans $\mathbb{C}_p$.

Posant formellement $e^y = \sum\limits_{n\geq 0} \dfrac{y^n}{n!}$ et $e^{iy} = \sum\limits_{n\geq 0} \dfrac{i^n y^n}{n!} \in \mathbb{Q}[i][[y]]$, on a :

$$\operatorname{ch} y = \frac{e^y + e^{-y}}{2} = \sum_{n\geq 0} \frac{y^{2n}}{(2n)!}; \quad \operatorname{sh} y = \frac{e^y - e^{-y}}{2} = \sum_{n\geq 0} \frac{y^{2n+1}}{(2n+1)!};$$

$$\cos y = \frac{e^{iy} + e^{-iy}}{2} = \sum_{n\geq 0} (-1)^n \frac{y^{2n}}{(2n)!} \quad \text{et} \quad \sin y = \frac{e^{iy} - e^{-iy}}{2i} = \sum_{n\geq 0} (-1)^{n+1} \frac{y^{2n+1}}{(2n+1)!}.$$

Les séries formelles de Laurent $\operatorname{coth} y = \dfrac{\operatorname{ch} y}{\operatorname{sh} y}$ et $\operatorname{cotg} y = \dfrac{\cos y}{\sin y}$ sont d'ordre -1 car, les séries formelles sh et sin sont d'ordre 1 avec ch et cos d'ordre 0.

Proposition 2.2.3. *La série génératrice exponentielle* $w_{\mu(p)}(y)$ *de la suite des moments de la mesure* $\mu(p)$ *est donnée par :*

$$w_{\mu(p)}(y) = (p-1) \sum_{\ell=1}^{p-2} \sum_{j\geq 0} \frac{B_{j(p-1)+\ell}}{(j(p-1)+\ell)!} y^{j(p-1)+\ell-1}. \tag{2.4}$$

Pour $p = 5$, on obtient dans $\mathbb{Q}((y))$ la relation suivante :

$$\sum_{j\geq 0} \frac{B_{4j+2}}{(4j+2)!} y^{4j+2} = \frac{y}{4} \left(\operatorname{coth} \frac{y}{2} - \operatorname{cotg} \frac{y}{2} \right). \tag{2.5}$$

Démonstration. Rappelons que le moment d'ordre n de $\mu(p)$ est donné par :

$$m_{n,\,\mu(p)} = \int_{\mathbb{Z}_p} t^n d\mu(p)(t) = \begin{cases} 0, & \text{si } p-1 | n+1 \\ (p-1)\frac{B_{n+1}}{n+1}, & \text{sinon.} \end{cases}$$

Ainsi, par définition, la série génératrice exponentielle des moments $m_{n,\mu(p)}$ est donnée par :

$$w_{\mu(p)}(y) = \sum_{n\geq 0} \frac{m_{n,\mu(p)}}{n!} y^n = (p-1) \sum_{n\geq 0,\, p-1 \nmid n+1} \frac{B_{n+1}}{(n+1)!} y^n.$$

Si $p-1 \nmid n+1$, on peut écrire n sous la forme $n = j(p-1) + \ell - 1$ avec $j \geq 0$ et $\ell \in \{1, 2, \ldots, p-2\}$. Dans ce cas, la série génératrice exponentielle $w_{\mu(p)}(y)$ des moments $m_{n,\mu(p)}$ est définie par :

$$w_{\mu(p)}(y) = (p-1) \sum_{\ell=1}^{p-2} \sum_{j\geq 0} \frac{B_{j(p-1)+\ell}}{(j(p-1)+\ell)!} y^{j(p-1)+\ell-1}.$$

En particulier, pour $p = 5$, on obtient :

$$w_{\mu(5)}(y) = 4 \sum_{\ell=1}^{3} \sum_{j \geq 0} \frac{B_{4j+\ell}}{(4j+\ell)!} y^{4j+\ell-1} = -2 + 4 \sum_{j \geq 0} \frac{B_{4j+2}}{(4j+2)!} y^{4j+1}.$$

D'autre part, considérons le polynôme $P(X) = X^4 - 1 \in \mathbb{Z}_5[X]$; on a $P'(X) = 4X^3$. Pour $1 \leq a \leq 4$, on a $P(a) = a^4 - 1 \equiv 0 \pmod{5\mathbb{Z}_5}$ et $P'(a) = 4a^3 \equiv -a^3 \not\equiv 0 \pmod{5\mathbb{Z}_5}$. Ainsi, d'après le Lemme de Hensel, il existe $\eta_a \in \mathbb{Q}_5$, unique tel que $\eta_a \equiv a \pmod{5\mathbb{Z}_5}$ et $P(\eta_a) = 0$, c'est-à-dire $\eta_a^4 = 1$ et $\mathbb{Q}_5$ contient les racines 4-ièmes de l'unité.

Puisque $P(X) = (X+1)(X-1)(X^2+1)$, alors $\mathbb{Q}_5$ contient les racines carrées de -1 (on peut aussi le prouver en utilisant le symbole de Legendre pour $p = 5$).

Notons i et $-i$ les racines carrées de -1. Les quatre racines 4-ièmes de l'unité sont 1, -1, i et $-i$ (parmi lesquelles i et $-i$ sont des racines primitives d'ordre 4) dans $\mathbb{Q}_5$.

Comme $\mu(5) = \sum\limits_{\alpha^4=1} \mu_{1,\alpha}$, par linéarité on obtient $w_{\mu(5)}(y) = \sum\limits_{\alpha^4=1} w_{1,\alpha}$. Puisque $\mu_{1,1} = 0$ et $\mu_{1,-1} = -\delta_0$, on a $w_{1,1}(y) = 0$; $w_{1,-1}(y) = -1$ et :

$$
\begin{aligned}
w_{\mu(5)}(y) &= w_{1,1}(y) + w_{1,-1}(y) + w_{1,i}(y) + w_{1,-i}(y) \\
&= -1 + \left(\frac{1}{e^y - 1} - \frac{i^{-1}}{e^{-iy} - 1} \right) + \left(\frac{1}{e^y - 1} - \frac{(-i)^{-1}}{e^{(-i)^{-1}y} - 1} \right) \\
&= -1 + \frac{2}{e^y - 1} - \frac{1}{i} \frac{1}{e^{-iy} - 1} + \frac{1}{i} \frac{1}{e^{iy} - 1} = -1 + \frac{2}{e^y - 1} + \frac{1}{i} \left[\frac{1}{e^{iy} - 1} - \frac{e^{iy}}{1 - e^{iy}} \right].
\end{aligned}
$$

Mais dans $\mathbb{Q}_5((y))$ on a $\dfrac{1}{i} \left[\dfrac{1}{e^{iy} - 1} - \dfrac{e^{iy}}{1 - e^{iy}} \right] = \dfrac{1}{i} \dfrac{e^{iy} + 1}{e^{iy} - 1} = -\dfrac{\cos(\frac{y}{2})}{\sin(\frac{y}{2})} = -\cotg(\frac{y}{2})$ et

$\coth\left(\dfrac{y}{2}\right) = \dfrac{e^{\frac{y}{2}} + e^{\frac{-y}{2}}}{e^{\frac{y}{2}} - e^{\frac{-y}{2}}} = \dfrac{e^y + 1}{e^y - 1} = 1 + \dfrac{2}{e^y - 1}$. En définitive on voit que la série génératrice des moments de la mesure $\mu(5)$ est donnée par $w_{\mu(5)}(y) = -2 + \coth\left(\dfrac{y}{2}\right) - \cotg\left(\dfrac{y}{2}\right)$.

En conclusion, on a $-2 + 4 \sum\limits_{j \geq 0} \dfrac{B_{4j+2}}{(4j+2)!} y^{4j+1} = w_{\mu(5)}(y) = -2 + \coth(\dfrac{y}{2}) - \cotg(\dfrac{y}{2})$, la deuxième égalité résultant de la relation (2.4) pour $p = 5$; d'où l'on déduit (2.5). $\qquad\square$

Corollaire 2.2.4. *Dans $\mathbb{Q}((y))$, on a l'identité suivante :*

$$\sum_{k \geq 0} \frac{B_{4k}}{(4k)!} y^{4k} = \frac{y}{4} \left(\coth \frac{y}{2} + \cotg \frac{y}{2} \right). \tag{2.6}$$

Démonstration. La série génératrice exponentielle des moments de la mesure $\mu(p)$ est la série $w_{\mu(p)}(y) = (p-1) \sum\limits_{k \geq 0,\, p-1 \nmid k+1} \dfrac{B_{k+1}}{(k+1)!} y^k$ (cf. Démonstration-Proposition 2.2.3). On a :

$$\sum_{\substack{k \geq 0,\, p-1 \nmid k+1}} \frac{B_{k+1}}{(k+1)!} y^k = \sum_{k \geq 0} \frac{B_{k+1}}{(k+1)!} y^k - \sum_{\substack{k \geq 1 \\ p-1 \mid k+1}} \frac{B_{k+1}}{(k+1)!} y^k$$

$$= \sum_{k \geq 1} \frac{B_k}{k!} y^{k-1} - \sum_{k \geq 1} \frac{B_{k(p-1)}}{(k(p-1))!} y^{k(p-1)-1}.$$

D'où, une autre expression de $w_{\mu(p)}(y)$ est :

$$w_{\mu(p)}(y) = (p-1)\left[\sum_{k \geq 1} \frac{B_k}{k!} y^{k-1} - \sum_{k \geq 1} \frac{B_{k(p-1)}}{(k(p-1))!} y^{k(p-1)-1} \right]. \tag{2.7}$$

Pour $p = 5$, on obtient : $w_{\mu(5)}(y) = 4\left[\sum\limits_{k=1}^{+\infty} \dfrac{B_k}{k!} y^{k-1} - \sum\limits_{k=1}^{+\infty} \dfrac{B_{4k}}{(4k)!} y^{4k-1} \right]$. Mais, dans $\mathbb{Q}((y))$:

$$\sum_{k=1}^{+\infty} \frac{B_k}{k!} y^{k-1} = \frac{1}{y}\left(\frac{y}{e^y - 1} - 1 \right) = \frac{1}{e^y - 1} - \frac{1}{y} = -\frac{1}{y} + \frac{1}{2}\left(\coth \frac{y}{2} - 1 \right).$$

Dans ce cas, on a :

$$w_{\mu(5)}(y) = 4\left[\frac{1}{2}\left(\coth \frac{y}{2} - 1 \right) - \sum_{k=0}^{+\infty} \frac{B_{4k}}{(4k)!} y^{4k-1} \right] = -2 + 2 \coth \frac{y}{2} - \frac{4}{y} \sum_{k=1}^{+\infty} \frac{B_{4k}}{(4k)!} y^{4k}.$$

Mais on a démontré ci-dessus que $w_{\mu(5)}(y) = -2 + \coth\left(\dfrac{y}{2} \right) - \cotg\left(\dfrac{y}{2} \right)$.

En comparant les deux expressions de $w_{\mu(5)}(y)$ on obtient le Corollaire 2.2.4. $\square$

Remarques 2.2.2. • La Proposition 2.2.3 et le Corollaire 2.2.4 permettent d'avoir le développement en série de Laurent de coth et cotg.

•• Les formules obtenues pour $p = 5$ peuvent se généraliser peu ou prou à tous les nombres premiers $p \geq 5$.

Proposition 2.2.5. *Soit p un nombre premier ≥ 5. Dans $\mathbb{Q}_p((y))$, on a l'identité :*

$$\sum_{n \geq 0} \frac{B_{n(p-1)}}{(n(p-1))!} y^{n(p-1)} = \frac{1}{p-1} \sum_{k=0}^{p-2} \frac{\zeta_p^k y}{2} \coth \frac{\zeta_p^k y}{2}, \tag{2.8}$$

où $\zeta_p = \varpi(a_0)$ est une racine primitive $(p-1)$-ième de l'unité dans $\mathbb{Q}_p$, représentant de Teichmüller de $a_0 \in \{2, \cdots, p-1\}$ tel que $\bar{a}_0$ est une racine primitive de l'unité dans $\mathbb{F}_p^\star$.

Démonstration. Lorsque α est une unité p-adique, la série génératrice exponentielle des moments de la mesure de Bernoulli $\mu_{1,\alpha}$ est donnée par $w_{1,\alpha}(y) = \dfrac{1}{e^y - 1} - \dfrac{\alpha^{-1}}{e^{\alpha^{-1}y} - 1}$ (d'après le Lemme 2.2.2), différence de deux éléments de $\mathbb{Q}_p((y))$. Ainsi, la série génératrice exponentielle $w_{\mu(p)}(y)$ des moments de la mesure $\mu(p)$ est donnée par :

$$w_{\mu(p)}(y) = \sum_{\alpha^{p-1}=1} w_{1,\alpha}(y) = \frac{p-1}{e^y - 1} - \sum_{\alpha^{p-1}=1} \frac{1}{\alpha} \times \frac{1}{e^{\frac{y}{\alpha}} - 1}$$

Considérant ζ_p une racine primitive $(p-1)$-ième de l'unité dans $\mathbb{Q}_p$, on a $\{\alpha^{-1}/\alpha^{p-1}=1\} = \{1, \zeta_p, \cdots, \zeta_p^{p-2}\}$. Il vient que $w_{\mu(p)}(y) = \dfrac{p-1}{e^y - 1} - \sum\limits_{k=0}^{p-2} \zeta_p^k \times \dfrac{1}{e^{\zeta_p^k y} - 1}$.

Puisque dans $\mathbb{Q}_p((y))$, on a $1 + \dfrac{2}{e^y - 1} = \coth\left(\dfrac{y}{2}\right)$ et $1 + \dfrac{2}{e^{\zeta_p y} - 1} = \coth\left(\dfrac{\zeta_p y}{2}\right)$, on obtient :

$$\begin{aligned}
w_{\mu(p)}(y) &= \frac{p-1}{2}\left(-1 + \coth\frac{y}{2}\right) - \sum_{k=0}^{p-2} \frac{\zeta_p^k}{2}\left(-1 + \coth\frac{\zeta_p^k y}{2}\right) \\
&= \frac{p-1}{2}\left(-1 + \coth\frac{y}{2}\right) + \frac{1}{2}\sum_{k=0}^{p-2} \zeta_p^k - \sum_{k=0}^{p-2} \frac{\zeta_p^k}{2}\coth\frac{\zeta_p^k y}{2}.
\end{aligned}$$

Comme $\sum\limits_{k=0}^{p-2} \zeta_p^k = \dfrac{\zeta_p^{p-1} - 1}{\zeta_p - 1} = 0$, la série $w_{\mu(p)}(y)$ est donc donnée par :

$$w_{\mu(p)}(y) = \frac{p-1}{2}\left(-1 + \coth\frac{y}{2}\right) - \sum_{k=0}^{p-2} \frac{\zeta_p^k}{2}\coth\frac{\zeta_p^k y}{2}, \tag{2.9}$$

Décomposant la série génératrice exponentielle des nombres de Bernoulli $\dfrac{y}{e^y - 1} = \sum\limits_{n\geq 0} B_n \dfrac{y^n}{n!}$ sous la forme $\dfrac{y}{e^y - 1} = \sum\limits_{\substack{n\geq 0 \\ p-1|n}} B_n \dfrac{y^n}{n!} + \sum\limits_{\substack{n\geq 1 \\ p-1\nmid n}} B_n \dfrac{y^n}{n!}$, on obtient :

$$\begin{aligned}
\frac{y}{e^y - 1} &= \sum_{n\geq 0} \frac{B_{n(p-1)}}{(n(p-1))!} y^{n(p-1)} + \sum_{\ell=1}^{p-2}\sum_{n\geq 0} \frac{B_{n(p-1)+\ell}}{(n(p-1)+\ell)!} y^{n(p-1)+\ell} \\
&= \sum_{n\geq 0} \frac{B_{n(p-1)}}{(n(p-1))!} y^{n(p-1)} + \underbrace{\frac{y}{p-1} w_{\mu(p)}(y)}_{\text{d'après la relation (2.4)}} \\
&= \sum_{n\geq 0} \frac{B_{n(p-1)}}{(n(p-1))!} y^{n(p-1)} + \underbrace{\frac{y}{2}\left(-1 + \coth\frac{y}{2}\right) - \frac{y}{p-1}\sum_{k=0}^{p-2} \frac{\zeta_p^k}{2}\coth\frac{\zeta_p^k y}{2}}_{\text{d'après la relation (2.9)}}.
\end{aligned}$$

En remarquant que $\dfrac{y}{e^y - 1} = \dfrac{y}{2}\left[-1 + \left(\dfrac{2}{e^y - 1} + 1\right)\right] = \dfrac{y}{2}\left(-1 + \coth\dfrac{y}{2}\right)$, on obtient la relation ci-après de laquelle on déduit (2.8) :

$$\frac{y}{e^y - 1} = \sum_{n \geq 0} \frac{B_{n(p-1)}}{(n(p-1))!} y^{n(p-1)} + \frac{y}{e^y - 1} - \frac{y}{p-1}\sum_{k=0}^{p-2} \frac{\zeta_p^k}{2} \coth\frac{\zeta_p^k y}{2}.$$

$\square$

Application de la Proposition 2.2.5 pour $p = 5$.

Dans $\mathbb{F}_5^\star$, $\bar{2}$ et $\bar{3}$ sont des racines primitives 4-ième de l'unité. Donc les représentants de Teichmüller $\varpi(2)$ et $\varpi(3)$ sont des racines primitives 4-ième de l'unité dans $\mathbb{Q}_5$. Comme i est une racine primitive de l'unité d'ordre 4 dans $\mathbb{Q}_5$ (voir la démonstration de la Proposition 2.2.3), on peut prendre $\zeta_5 = i$. Dans ce cas, on a :

$$\sum_{k=0}^{3} \frac{i^k y}{2} \coth\frac{i^k y}{2} = \frac{y}{2}\coth\frac{y}{2} + \frac{iy}{2}\coth\frac{iy}{2} + \frac{-y}{2}\coth\frac{-y}{2} + \frac{-iy}{2}\coth\frac{-iy}{2}$$

$$= 2\left(\frac{y}{2}\coth\frac{y}{2} + \frac{iy}{2}\coth\frac{iy}{2}\right).$$

$\coth\dfrac{iy}{2} = \dfrac{e^{\frac{iy}{2}} + e^{\frac{-iy}{2}}}{e^{\frac{iy}{2}} - e^{\frac{-iy}{2}}} = \dfrac{2\cos\frac{y}{2}}{2i\sin\frac{y}{2}} = \dfrac{1}{i}\cotg\dfrac{y}{2} \implies \dfrac{iy}{2}\coth\dfrac{iy}{2} = \dfrac{y}{2}\cotg\dfrac{y}{2}$. On a donc :

$\dfrac{1}{4}\sum\limits_{k=0}^{3} \dfrac{i^k y}{2}\coth\dfrac{i^k y}{2} = \dfrac{y}{4}\left(\coth\dfrac{y}{2} + \cotg\dfrac{y}{2}\right) = \sum\limits_{k \geq 0} \dfrac{B_{4k}}{(4k)!}y^{4k}$; nous retrouvons ainsi la formule (2.6).

Corollaire 2.2.6. *Pour $p = 7$, on obtient l'identité suivante dans le corps des séries formelles de Laurent $\mathbb{Q}_7((y))$:*

$$\sum_{k \geq 0} \frac{B_{6k}}{(6k)!} y^{6k} = \frac{y}{6}\left(\coth\frac{y}{2} + j\coth\frac{jy}{2} + j^2\coth\frac{j^2 y}{2}\right), \tag{2.10}$$

où j est une racine cubique de l'unité telle que $-j$ est une racine primitive 6-ième de l'unité.

Démonstration. Soit j est une racine primitive cubique de l'unité dans $\mathbb{Q}_7$.
Comme $X^6 - 1 = (X^3 - 1)(X^3 + 1) = -(X^3 - 1)[(-X)^3 - 1]$, les racines sixièmes de l'unité sont 1, j, j^2, -1, $-j$ et $-j^2$. On vérifie facilement que, d'une part $-j$ et $-j^2$ sont des racines primitives 6-ièmes de l'unité dans $\mathbb{Q}_7$, et d'autre part $\bar{3}$ et $\bar{5}$ sont des racines primitives 6-ième de l'unité dans $\mathbb{F}_7$ le corps fini à 7 éléments. On en déduit que les

représentants de Teichmüller $\varpi(3)$ et $\varpi(5)$ sont des racines primitives 6-ièmes de l'unité dans $\mathbb{Q}_7$.

Posant $\varpi(3) = -j$ (dans ce cas $\varpi(5) = -j^2$), on a

$$
\begin{aligned}
\sum_{k=0}^{5} \frac{\varpi(3)^k y}{2} \coth \frac{\varpi(3)^k y}{2} &= \sum_{k=0}^{5} \frac{(-j)^k y}{2} \coth\left(\frac{(-j)^k y}{2}\right) \\
&= \left(\frac{y}{2}\coth\frac{y}{2} + \frac{jy}{2}\coth\frac{jy}{2} + \frac{j^2 y}{2}\coth\frac{j^2 y}{2}\right) \\
&\quad + \left(\frac{-y}{2}\coth\frac{-y}{2} + \frac{-jy}{2}\coth\frac{-jy}{2} + \frac{-j^2 y}{2}\coth\frac{-j^2 y}{2}\right) \\
&= y\left(\coth\frac{y}{2} + j\coth\frac{jy}{2} + j^2\coth\frac{j^2 y}{2}\right).
\end{aligned}
$$

D'où l'on déduit la relation (2.10). $\qquad\qquad\qquad\qquad\qquad\qquad\qquad\qquad\qquad\qquad\square$

Proposition 2.2.7. *Soient $\nu \in M(\mathbb{Z}_p, K)$ une mesure et w_ν la série génératrice exponentielle des moments de ν. La série formelle S_ν à coefficients bornés associée à ν est donnée par :*

$$S_\nu(X) = w_\nu \circ \log(1 + X). \tag{2.11}$$

Démonstration. Soit $\nu \in M(\mathbb{Z}_p, K)$ une mesure, de moment d'ordre n noté $m_{n,\nu}$; rappelons que : $\langle \nu, Q_n \rangle = \dfrac{1}{n!} \sum\limits_{j=0}^{n} s(n, j) m_{j,\nu}$.

Par définition $w_\nu(y) = \sum\limits_{k \geq 0} m_{k,\nu} \dfrac{y^k}{k!}$ est la série génératrice exponentielle des moments de ν ;

posant $W_\nu(X) = w_\nu \circ \log(1+X)$ et compte tenue de ce que $\dfrac{\log^k(1+X)}{k!} = \sum\limits_{n \geq k} s(n, k) \dfrac{X^n}{n!}$,

on obtient :

$$
\begin{aligned}
W_\nu(X) = \sum_{k \geq 0} m_{k,\nu} \frac{\log^k(1+X)}{k!} &= \sum_{k \geq 0} m_{k,\nu} \sum_{n \geq k} s(n, k) \frac{X^n}{n!} \\
&= \sum_{n \geq 0} \left[\frac{1}{n!} \sum_{k=0}^{n} m_{k,\nu} s(n, k)\right] X^n = \sum_{n \geq 0} \langle \nu, Q_n \rangle X^n.
\end{aligned}
$$

D'autre part, considérant la dérivation $D = (1+X)\dfrac{d}{dX}$ de l'algèbre $K\langle X \rangle$, on a :

$$D(W_\nu)(X) = (1+X)\frac{d}{dX}\left(w_\nu \circ \log(1+X)\right) = \frac{dw_\nu}{dy} \circ \log(1+X).$$

Supposons que cette relation est vérifiée jusqu'au rang n, où n est un entier ≥ 2, c'est-à-dire : $D^n(W_\nu)(X) = \dfrac{d^n w_\nu}{dy^n} \circ \log(1 + X)$. On a :

$$D^{n+1}(W_\nu)(X) = D(D^n W_\nu)(X) = (1+X)\frac{d}{dX}\left(\frac{d^n w}{dz^n} \circ \log(1+X)\right) = \frac{d^{n+1}w_\nu}{dy^{n+1}} \circ \log(1+X).$$

D'où : $D^n(W_\nu)(X) = \dfrac{d^n w_\nu}{dy^n} \circ \log(1 + X)$, pour n entier ≥ 1.

Il vient donc que $D^n(W_\nu)(0) = \dfrac{d^n w_\nu}{dy^n}(0) = m_{n,\nu} = D^n(S_\nu)(0)$. D'où l'on déduit que

$$S_\nu(X) = W_\nu(X) = w_\nu \circ \log(1 + X).$$

$\square$

Remarque 2.2.3. Soit p un nombre premier ≥ 5 fixé. On déduit de la Proposition 2.2.7 que les cœfficients $a_n(p)$, $n \geq 0$, de la série formelle $S_\mu(p)$ associée à la mesure $\mu(p)$ sont tels que $a_n(p) = < \mu(p), Q_n >= \dfrac{p-1}{n!} \sum\limits_{\substack{j=0 \\ p-1\nmid j+1}} s(n, j)\dfrac{B_{j+1}}{j+1}.$

Lorsque $p = 5$, on obtient le corollaire suivant :

Corollaire 2.2.8. *Soit n un entier ≥ 1. On a l'identité ci-après :*

$$\sum_{\substack{k+\ell=n \\ r_1+\cdots+r_{k+1}=\ell}} (-1)^k i^{k+1} \binom{-i}{2+r_1} \cdots \binom{-i}{2+r_{k+1}} = \frac{2}{n!} \sum_{\substack{\ell=1 \\ \ell \not\equiv 3 \pmod 4}}^{n} s(n, \ell)\frac{B_{\ell+1}}{\ell+1}, \qquad (2.12)$$

où i désigne un élément de $\mathbb{Q}_5$ tel que $i^2 = -1$.

Démonstration. Dans la démonstration de la Proposition 2.2.3 on a vu que $w_{\mu(5)}(y) = -1+\dfrac{2}{e^y - 1} + \dfrac{1}{i}\left(\dfrac{2}{e^{iy} - 1} + 1\right)$, où i est une racine carrée de -1 dans $\mathbb{Q}_5$. En appliquant la Proposition 2.2.7 pour la mesure $\mu(5)$ on obtient :

$$\begin{aligned}
S_{\mu(5)}(X) = w_{\mu(5)} \circ \log(1 + X) &= -1 + \frac{2}{e^{\log(1+X)} - 1} + \frac{1}{i}\left[\frac{2}{e^{i(\log(1+X))} - 1} + 1\right] \\
&= -1 - i + \frac{2}{X} - \frac{2i}{(1+X)^i - 1}.
\end{aligned}$$

Comme $i^2 = -1$ dans $\mathbb{Q}_5$, on a $i = (-i)^{-1}$ et $\dfrac{1}{X} - \dfrac{i}{(1+X)^i - 1} = \dfrac{1}{X} - \dfrac{(-i)^{-1}}{(1+X)^{(-i)^{-1}} - 1} = S_{1,-i}(X)$, où $S_{1,\alpha}(X) = \dfrac{1}{X} - \dfrac{\alpha^{-1}}{(1+X)^{\alpha^{-1}} - 1}$ est la série formelle à coefficients bornés associée à la mesure $\mu_{1,\alpha}$, lorsque α est une unité p-adique. Dans ce cas, on a

$$S_{\mu(5)}(X) = -1 - i + 2S_{1,-i}(X).$$

Puisque $(1+X)^{\alpha^{-1}} - 1 = \sum\limits_{n \geq 1} \binom{\alpha^{-1}}{n} X^n = \alpha^{-1}X + X^2 \sum\limits_{n \geq 0} \binom{\alpha^{-1}}{n+2} X^n = \alpha^{-1}X + \alpha^{-1}X^2 U_\alpha(X)$, avec $U_\alpha(X) = \alpha \sum\limits_{n \geq 0} \binom{\alpha^{-1}}{n+2} X^n$ on obtient :

$$S_{1,\alpha}(X) = \frac{1}{X} - \frac{\alpha^{-1}}{\alpha^{-1}X + \alpha^{-1}X^2 U_\alpha(X)} = \frac{1}{X}\left[1 - \frac{1}{1+XU_\alpha(X)}\right] = \frac{U_\alpha(X)}{1 + XU_\alpha(X)}.$$

Lorsque j est un entier ≥ 1, on a : $U_\alpha(X)^j = \alpha^j \sum\limits_{\ell \geq 0} \sum\limits_{n_1 + \cdots + n_j = \ell} \binom{\alpha^{-1}}{2+n_1} \cdots \binom{\alpha^{-1}}{2+n_j} X^\ell$.
Donc, on a

$$
\begin{aligned}
S_{1,\alpha}(X) &= \sum_{k \geq 0} (-1)^k X^k U_\alpha(X)^{k+1} & (2.13) \\
&= \sum_{k \geq 0} \sum_{\ell \geq 0} (-1)^k \alpha^{k+1} \sum_{n_1 + \cdots + n_{k+1} = \ell} \binom{\alpha^{-1}}{2+n_1} \cdots \binom{\alpha^{-1}}{2+n_{k+1}} X^{k+\ell} & (2.14) \\
&= \sum_{n \geq 0} \sum_{k+n_1+\cdots+n_{k+1} = n} (-1)^k \alpha^{k+1} \binom{\alpha^{-1}}{2+n_1} \cdots \binom{\alpha^{-1}}{2+n_{k+1}} X^n. & (2.15)
\end{aligned}
$$

Il s'ensuit que :

$$S_{\mu(5)}(X) = -2 + 2\sum_{n \geq 1} \sum_{k+n_1+\cdots+n_{k+1}=n} (-1)^k i^{k+1} \binom{-i}{2+n_1} \cdots \binom{-i}{2+n_{k+1}} X^n.$$

Par conséquent $a_n(5) = 2 \sum\limits_{k+n_1+\cdots+n_{k+1}=n} (-1)^k i^{k+1} \binom{-i}{2+n_1} \cdots \binom{-i}{2+n_{k+1}}$, pour $n \geq 1$.

La série formelle à coefficients bornés $S_{\mu(p)}$ associée aux moments de la mesure $\mu(p)$ est donnée par $S_{\mu(p)}(X) = \sum\limits_{n \geq 0} a_n(p) X^n$ avec $a_n(p) = \langle \mu(p), Q_n \rangle = \dfrac{p-1}{n!} \sum\limits_{\substack{\ell=0 \\ p-1 \mid \ell+1}}^{n} s(n, \ell) \dfrac{B_{\ell+1}}{\ell+1}$

(Remarque 2.2.3) est l'intégrale du n-ième polynôme binomial. Ainsi, pour $p = 5$, on a

$$a_n(5) = \frac{4}{n!} \sum_{\substack{\ell=0 \\ 4 \mid \ell+1}}^{n} s(n, \ell) \frac{B_{\ell+1}}{\ell+1} = \frac{4}{n!} \sum_{\substack{\ell=1 \\ \ell \not\equiv 3 \pmod 4}}^{n} s(n, \ell) \frac{B_{\ell+1}}{\ell+1}.$$

Les nombres de Bernoulli d'indices impairs ≥ 3 étant tous nuls, on obtient

$$a_n(5) = \frac{4}{n!} \sum_{\substack{\ell=1 \\ \ell \equiv 1 \pmod 4}}^{n} s(n, \ell) \frac{B_{\ell+1}}{\ell+1} = \frac{4}{n!} \sum_{\ell=0}^{\left[\frac{n-1}{4}\right]} s(n, 4\ell+1) \frac{B_{4\ell+2}}{4\ell+2}.$$

On obtient la relation (2.12) en comparant les deux expressions de $a_n(5)$, pour $n \geq 1$. $\quad\square$

Remarque 2.2.4. Soit α une unité p-adique.
Il résulte de (2.13) que l'intégrale du n-ième polynôme binomial Q_n par rapport à $\mu_{1,\alpha}$ est donnée par

$$\langle \mu_{1,\alpha}, Q_n \rangle = \sum_{k+n_1+\cdots+n_{k+1}=n} (-1)^k \alpha^{k+1} \binom{\alpha^{-1}}{2+n_1} \cdots \binom{\alpha^{-1}}{2+n_{k+1}}.$$

Nous allons examiner ci-dessous le cas où $p = 7$. Notons tout d'abord que le corps $\mathbb{Q}_7$ contient les racines 6-ièmes de l'unité et donc contient les racines cubiques de l'unité.

Corollaire 2.2.9. *Soit j une racine cubique de l'unité. On a l'identité suivante*

$$\sum_{k+n_1+\cdots+n_{k+1}=n} (-1)^k j^{k+1} \left[j^{k+1} \binom{j}{2+n_1} \cdots \binom{j}{2+n_{k+1}} + \binom{j^2}{2+n_1} \cdots \binom{j^2}{2+n_{k+1}} \right]$$

$$= \frac{3}{n!} \sum_{\substack{k=1 \\ k \not\equiv 5 \pmod 6}}^{n} s(n, k) \frac{B_{k+1}}{k+1}. \qquad (2.16)$$

Démonstration. Soit donc j une racine cubique de l'unité, les racines sixième de l'unité sont $1, j, j^2, -1, -j$ et $-j^2$. Pour $p = 7$, on a donc $\mu(7) = \sum\limits_{\alpha^6=1} \mu_{1,\alpha} = \mu_{1,1} + \mu_{1,j} + \mu_{1,j^2} + \mu_{1,-1} + \mu_{1,-j} + \mu_{1,-j^2}$. Ainsi, la série formelle à coefficients bornés associée à $\mu(7)$ est donnée par $S_{\mu(7)}(X) = S_{1,1}(X) + S_{1,j}(X) + S_{1,j^2}(X) + S_{1,-1}(X) + S_{1,-j}(X) + S_{1,-j^2}(X)$, où l'on rappelle que $S_{1,\alpha}(X) = \dfrac{1}{X} - \dfrac{\alpha^{-1}}{(1+X)^{\alpha^{-1}} - 1}$ est la série formelle à coefficients bornés associée à la mesure $\mu_{1,\alpha}$, lorsque α est une unité p-adique.

Puisque $S_{1,1}(X) = 0$; $S_{1,-1}(X) = -1$; $S_{1,-j}(X) = \dfrac{1}{X} - \dfrac{-j^{-1}}{(1+X)^{-j^{-1}} - 1} = \dfrac{1}{X} + \dfrac{j^2}{(1+X)^{-j^2} - 1} = \dfrac{1}{X} + \dfrac{j^2(1+X)^{j^2}}{1 - (1+X)^{j^2}} = -j^2 + \left[\dfrac{1}{X} - \dfrac{j^2}{(1+X)^{j^2} - 1} \right] = -j^2 + S_{1,j}(X)$

et $S_{1,j^2}(X) = \dfrac{1}{X} - \dfrac{j^{-2}}{(1+X)^{j^{-2}}-1} = \dfrac{1}{X} - \dfrac{j}{(1+X)^j - 1} = \dfrac{1}{X} - \dfrac{j(1+X)^{-j}}{1-(1+X)^{-j}} =$
$j + \left[\dfrac{1}{X} - \dfrac{-j}{(1+X)^{-j}-1}\right] = j + \left[\dfrac{1}{X} - \dfrac{-j^{-2}}{(1+X)^{-j^{-2}}-1}\right] = j + S_{1,-j^2}(X)$, on a :

$$
\begin{aligned}
S_{\mu(7)}(X) &= S_{1,j}(X) + S_{1,j^2}(X) - 1 + \left[-j^2 + S_{1,j}(X)\right] + \left[S_{1,j^2}(X) - j\right] \\
&= 2\left[S_{1,j}(X) + S_{1,j^2}(X)\right] - \underbrace{\left(1 + j + j^2\right)}_{=0} = 2\left[S_{1,j}(X) + S_{1,j^2}(X)\right].
\end{aligned}
$$

Par conséquent, on a $a_n(7) = \langle\mu(7),\, Q_n\rangle = 2\left[\langle\mu_{1,j},\, Q_n\rangle + \langle\mu_{1,j^2},\, Q_n\rangle\right]$. Dans ce cas, en appliquant la Remarque 2.2.4, on obtient :

$$a_n(7) = 2 \sum_{k+n_1+\cdots+n_{k+1}=n} (-1)^k j^{k+1} \left[j^{k+1} \binom{j}{2+n_1}\cdots\binom{j}{2+n_{k+1}} + \binom{j^2}{2+n_1}\cdots\binom{j^2}{2+n_{k+1}} \right].$$

On obtient (2.16) en remarquant que $a_n(7) = \dfrac{6}{n!} \sum\limits_{\substack{k=0 \\ k\not\equiv 5 \ (\mathrm{mod}\ 6)}}^{n} s(n,\,k)\dfrac{B_{k+1}}{k+1}$. $\qquad\square$

2.3   Inverses des mesures $\mu(p) = \sum\limits_{\alpha^{p-1}=1} \mu_{1,\alpha}$.

Soit p un nombre premier ≥ 5 fixé. On rappelle que l'intégrale par rapport à la mesure $\mu(p)$ du n-ième polynôme binomial est donnée par :

$$a_n(p) = \frac{p-1}{n!} \sum_{\substack{j=0 \\ p-1\nmid j+1}}^{n} s(n,\,j)\frac{B_{j+1}}{j+1}, \quad \text{pour } n \text{ entier} \geq 0.$$

Posons : $c_0(p) = \dfrac{-2}{p-1}$ et $c_n(p) = -\left(\dfrac{2}{p-1}\right)^{n+1} \sum\limits_{\substack{i_1+\cdots+i_j=n \\ i_1,\ldots,i_j\geq 1}} a_{i_1}(p)\cdots a_{i_j}(p)$, si $n \geq 1$.

Proposition 2.3.1. *Soit p un nombre premier ≥ 5. La mesure $\mu(p) = \sum\limits_{\alpha^{p-1}=1} \mu_{1,\alpha}$ est inversible, d'inverse la mesure $\nu(p)$ de développement en série faiblement convergente :*

$$\nu(p) = \sum_{n\geq 0} c_n(p)\omega^n.$$

Pour $p=5$ on a $\nu(5) = -\dfrac{1+\omega U_i}{1+i+[(1+i)\omega - 2]\,U_i}$, où i est telle que $i^2 = -1$.

Démonstration. Soit p un nombre premier ≥ 5 fixé. La mesure $\mu(p) = \displaystyle\sum_{\alpha^{p-1}=1} \mu_{1,\alpha}$ est telle que $\|\mu(p)\| = |\langle \mu(p), Q_0\rangle| = 1$ (cf. la démonstration de la Proposition 2.1.3). Elle est donc inversible dans $M(\mathbb{Z}_p, K)$. Dans ce cas, la série formelle à coefficients bornés $S_{\mu(p)}$ associée à $\mu(p)$ est inversible dans l'algèbre de Banach $K\langle X\rangle$ (muni du produit de Cauchy).

Puisque $S_{\mu(p)}(X) = a_0(p)\left[1 + \displaystyle\sum_{n \geq 1} a_0(p)^{-1} a_n(p) X^n\right]$, on a :

$$S_{\mu(p)}(X)^{-1} = a_0(p)^{-1}\left[1 - \sum_{n \geq 1}(-a_0(p))^{-1} a_n(p) X^n\right]^{-1} = a_0(p)^{-1} \sum_{j \geq 0}\left(\sum_{n \geq 1} b_n X^n\right)^j,$$

où l'on a posé $b_0 = 0$ et $b_n = \left[-a_0(p)\right]^{-1} a_n(p)$ si n est un entier ≥ 1. Ainsi :

$$\nu(p) = S_{\mu(p)}(\omega)^{-1} = a_0(p)^{-1}\left[\delta_0 + \sum_{j \geq 1}\sum_{n \geq 1} b_n(j)\omega^n\right], \text{ où } \nu(p) \text{ désigne l'inverse de } \mu(p)$$

et où on a :

$$b_n(j) = \sum_{\substack{i_1+\cdots+i_j=n \\ i_1,\ldots,i_j \geq 1}} b_{i_1}\ldots b_{i_j} = (-a_0(p))^{-n}\sum_{\substack{i_1+\cdots+i_j=n \\ i_1,\ldots,i_j \geq 1}} a_{i_1}(p)\ldots a_{i_j}(p)$$

$$= \left(\frac{2}{p-1}\right)^n \sum_{\substack{i_1+\cdots+i_j=n \\ i_1,\ldots,i_j \geq 1}} a_{i_1}(p)\ldots a_{i_j}(p).$$

On obtient $\nu(p) = a_0(p)^{-1}\delta_0 + a_0(p)^{-1}\displaystyle\sum_{n \geq 1}\left[\sum_{j=1}^{n} b_n(j)\right]\omega^n = \dfrac{-2}{p-1}\delta_0 + \sum_{n \geq 1} c_n(p)\omega^n$, où $c_n(p) = a_0(p)^{-1}\displaystyle\sum_{j=1}^{n} b_n(j) = -\left(\frac{2}{p-1}\right)^{n+1}\sum_{\substack{i_1+\cdots+i_j=n \\ i_1,\ldots,i_j \geq 1}} a_{i_1}(p)\cdots a_{i_j}(p)$.

Pour $p = 5$, la série formelle $S_{\mu(5)}$ à coefficients bornés associée à $\mu(5)$ est donnée par $S_{\mu(5)}(X) = -1 - i + \dfrac{2}{X} - \dfrac{2i}{(1+X)^i - 1} = -1 - i + \dfrac{2U_i(X)}{1 + XU_i(X)}$ (voir la démonstration du Corollaire 2.2.8), avec $U_i(X) = i\displaystyle\sum_{n \geq 0}\binom{i^{-1}}{n+2}X^n = i\sum_{n \geq 0}\binom{-i}{n+2}X^n$ où $i \in \mathbb{Q}_5$ tel que $i^2 = -1$. Par conséquent : $S_{\mu(5)}(X) = \dfrac{-(1+i)[1 + XU_i(X)] + 2U_i(X)}{1 + XU_i(X)}$. D'où la mesure $\nu(5)$ est donnée par :

$$\nu(5) = S_{\mu(5)}(\omega)^{-1} = \dfrac{1 + \omega U_i(\omega)}{-(1+i) + [2 - (1+i)\omega]\,U_i(\omega)} = -\dfrac{1 + \omega U_i(\omega)}{(1+i) + [(1+i)\omega - 2]\,U_i(\omega)}.$$

$\square$

Chapitre 3

3. Transformation de Laplace d'une mesure p-adique.

Dans tout ce chapitre, K est un sur-corps valué complet de $\mathbb{Q}_p$.

3.1 Généralités sur la transformation de Laplace.

Soit $r \in \mathbb{R}_+^\star$, on pose $D^-(0, r) = \{x \in K, |x| < r\}$.

Définition 3.1.1. *Une fonction $f : D^-(0, r) \longrightarrow K$ est appelée fonction analytique sur $D^-(0, r)$ s'il existe une suite $(a_n)_{n \geq 0} \subset K$ telle que, pour tout $x \in D^-(0, r)$, $f(x)$ peut s'écrire sous forme de série convergente $f(x) = \sum_{n \geq 0} a_n x^n$.*

Remarque 3.1.1. On note $\mathcal{A}(D^-(0, r))$ l'espace des fonctions analytiques sur $D^-(0, r)$. Si $f(x) = \sum_{n \geq 0} a_n x^n \in \mathcal{A}(D^-(0, r))$ est telle que $\|f\|_r = \sup_{n \geq 0} |a_n| r^n < +\infty$, alors f est dite à coefficients bornés. Notons que dans ce cas f est une fonction bornée sur $D^-(0, r)$.

Notons $\mathcal{A}_b(D^-(0, r))$ le sous-espace de $\mathcal{A}(D^-(0, r))$ des fonctions analytiques à coefficients bornés sur $D^-(0, r)$. Muni du produit des fonctions et de la norme $\|.\|_r$, l'espace $\mathcal{A}_b(D^-(0, r))$ des fonctions analytiques sur $D^-(0, r)$ à coefficients bornés devient une K-algèbre de Banach. Signalons que tout élément de cette algèbre est uniformément borné. De plus, si K est de valuation dense alors la norme uniforme coïncide avec la norme $\|.\|_r$ (cf. par exemple [10]).

On pose $\mathcal{E}_p = D^-(0, \rho)$, où $\rho = |p|^{\frac{1}{p-1}}$ est le rayon de convergence p-adique de l'exponentielle. Pour $z \in \mathcal{E}_p$, considérons l'application $\exp(\bullet z) : \mathbb{Z}_p \longrightarrow K$ définie par $\exp(\bullet z)(t) = \exp(tz)$, pour $t \in \mathbb{Z}_p$; c'est une application continue.

Définition 3.1.2. *Pour $z \in \mathcal{E}_p$ et $\mu \in M(\mathbb{Z}_p, K)$, on pose :*

$$\mathcal{L}_p(\mu)(z) = \int_{\mathbb{Z}_p} e^{tz} d\mu(t) = \langle \mu, \exp(\bullet z) \rangle.$$

La fonction $\mathcal{L}_p(\mu)$ est appelée la transformation de Laplace de la mesure μ.

Proposition 3.1.1. *Pour* $\mu \in M(\mathbb{Z}_p, K)$, *la fonction* $\mathcal{L}_p(\mu)$ *correspond à la série génératrice exponentielle des moments de* μ.
De plus $\|\mathcal{L}_p(\mu)\|_\rho \leq \|\mu\|$; $\mathcal{L}_p(\mu)$ *est donc une fonction analytique bornée sur* $\mathcal{E}_p$.
La transformation de Laplace, $\mathcal{L}_p : M(\mathbb{Z}_p, K) \longrightarrow \mathcal{A}_b(\mathcal{E}_p)$, *est un homomorphime injectif et continu de* K-*algèbres de Banach unitaires de norme égale à* 1.

Démonstration. • Lorsque n est un entier ≥ 1, on a $|n!| = |p|^{\frac{n-S_p(n)}{p-1}}$, où $S_p(n)$ est la somme des chiffres du développement de n dans la base p. Ainsi pour z tel que $|z|p^{\frac{1}{p-1}} < 1$ c'est-à-dire lorsque $z \in \mathcal{E}_p$, on a pour n entier ≥ 2 :

$$\left| \frac{z^n}{n!} \right| = |z| \frac{|z|^{n-1}}{|n!|} = |z| \left(|z|^{n-1} p^{\frac{n-S_p(n)}{p-1}} \right) \leq |z| \left(|z| p^{\frac{1}{p-1}} \right)^{n-1} < |z|.$$

Par conséquent, considérant la suite de fonctions $(S_n(\bullet z))_{n \geq 1}$ définie sur $\mathbb{Z}_p$ par $S_n(\bullet z)(t) = S_n(tz) = \sum_{k=0}^{n-1} \frac{t^k z^k}{k!}$, on a :

$$\left| e^{tz} - S_n(tz) \right| = \left| \sum_{k \geq n} \frac{t^k z^k}{k!} \right| \leq \max_{k \geq n} \left| t^k \frac{z^k}{k!} \right| = \left| t^n \frac{z^n}{n!} \right| \leq \left| \frac{z^n}{n!} \right| \leq |z| \left(|z| p^{\frac{1}{p-1}} \right)^{n-1}.$$

Comme $|z| p^{\frac{1}{p-1}} < 1$, on a $\lim_{n \to +\infty} \sup_{t \in \mathbb{Z}_p} \left| e^{tz} - S_n(tz) \right| = 0$. Donc la suite $(S_n(\bullet z))_{n \geq 1}$ converge uniformément vers la fonction continue $t \longrightarrow e^{tz}$.
Identifiant une mesure $\mu \in M(\mathbb{Z}_p, K)$ à une forme linéaire continue sur $\mathcal{C}(\mathbb{Z}_p, K)$, on obtient :

$$\mathcal{L}_p(\mu)(z) = \int_{\mathbb{Z}_p} \left(\sum_{n \geq 0} t^n \frac{z^n}{n!} \right) d\mu(t) = \sum_{n \geq 0} \left(\int_{\mathbb{Z}_p} t^n d\mu(t) \right) \frac{z^n}{n!} = \sum_{n \geq 0} m_{n,\mu} \frac{z^n}{n!},$$

où $m_{n,\mu} = \int_{\mathbb{Z}_p} t^n d\mu(t)$ est le moment d'ordre n de μ. Il vient que $\mathcal{L}_p(\mu)$ correspond à la série génératrice exponentielle des moments de μ.

•• Puisque $|n!| = \rho^{n-S_p(n)} = |p|^{\frac{n-S_p(n)}{p-1}}$ lorsque n est un entier ≥ 1, on a

$$\left| \frac{m_{n,\mu}}{n!} \right| \rho^n = |m_{n,\mu}| \frac{\rho^n}{\rho^{n-S_p(n)}} = |m_{n,\mu}| \rho^{S_p(n)} \leq \rho \|\mu\| \implies \sup_{n \geq 1} \left| \frac{m_{n,\mu}}{n!} \right| \rho^n \leq \rho \|\mu\|.$$

Ainsi $\|\mathcal{L}_p(\mu)\|_\rho = \sup_{n \geq 0} \left| \frac{m_{n,\mu}}{n!} \right| \rho^n \leq \max \left(|m_{0,\mu}|, \rho \|\mu\| \right) \leq \|\mu\|$; d'où $\mathcal{L}_p(\mu) \in \mathcal{A}_b(\mathcal{E}_p)$.

••• On définit le produit de convolution $\mu_1 \star \mu_2$ de deux mesures $\mu_1, \mu_2 \in M(\mathbb{Z}_p, K)$ en posant :

$$\langle \mu_1 \star \mu_2, f \rangle = \langle \mu_2, \langle \mu_1, f \rangle \rangle = \iint_{\mathbb{Z}_p \times \mathbb{Z}_p} f(t + t') d\mu_1(t) d\mu_2(t').$$

Soient μ et ν deux éléments de $M(\mathbb{Z}_p, K)$.

Pour t et $t' \in \mathbb{Z}_p$ et $z \in \mathcal{E}_p$, on a $\exp((t + t')z) = \exp(tz)\exp(t'z)$. Ainsi on obtient

$$
\begin{aligned}
\mathcal{L}_p(\mu \star \nu)(z) &= \iint_{\mathbb{Z}_p \times \mathbb{Z}_p} \exp((t + t')z)d\mu(t)d\nu(t') \\
&= \int_{\mathbb{Z}_p} \exp(tz)d\mu(t) \int_{\mathbb{Z}_p} \exp(t'z)d\nu(t') = \mathcal{L}_p(\mu)(z)\mathcal{L}_p(\nu)(z).
\end{aligned}
$$

D'autre part $\mathcal{L}_p(\delta_0)(z) = 1$ et $\mathcal{L}_p(\mu + \nu)(z) = \langle \mu + \nu, \exp(\bullet z)\rangle = \langle \mu, \exp(\bullet z)\rangle + \langle \nu, \exp(\bullet z)\rangle = \mathcal{L}_p(\mu)(z) + \mathcal{L}_p(\nu)(z)$. Ainsi $\mathcal{L}_p$ est une application linéaire.

Nous avons montré ci-dessus que $\|\mathcal{L}_p(\mu)\|_\rho \leq \|\mu\|$, lorsque $\mu \in M(\mathbb{Z}_p, K)$. Ceci implique que $\|\mathcal{L}_p\| = \sup\limits_{\mu \neq 0} \dfrac{\|\mathcal{L}_p(\mu)\|_\rho}{\|\mu\|} \leq 1$; mais, puisque $\mathcal{L}_p(\delta_0)(z) = 1$ et $\|\delta_0\| = 1$, on a $1 \leq \|\mathcal{L}_p\|$.

D'où $\mathcal{L}_p$ est un homomorphisme de K-algèbres de norme égale à 1.

Soit $\mu \in M(\mathbb{Z}_p, K)$ tel que $\mathcal{L}_p(\mu)(z) = \sum\limits_{n \geq 0} \dfrac{m_{n,\mu}}{n!} z^n = 0$ pour $z \in \mathcal{E}_p$; ceci est équivalent à $m_{n,\mu} = \int_{\mathbb{Z}_p} t^n d\mu(t) = 0, \forall n \geq 0$.

Puisque $Q_n = \dfrac{1}{n!} \sum\limits_{j=0}^{n} s(n, j)t^j$, où $s(n, j)$ sont les nombres de Stirling de première espèce, on a $\langle \mu, Q_n \rangle = \dfrac{1}{n!} \sum\limits_{j=0}^{n} s(n, j)m_{j,\mu} = 0, \forall n \geq 0$. D'où $\mu = \sum\limits_{n \geq 0}\langle \mu, Q_n \rangle \omega^n = 0$ et $\mathcal{L}_p$ est injective. $\qquad\square$

Pour $\mu \in M(\mathbb{Z}_p, K)$, la mesure $\underbrace{\mu \star \mu \star \cdots \star \mu}_{q \text{ termes}}$ est notée par $\mu^{\star q}$, où q est un entier ≥ 1.

Corollaire 3.1.2. *Soient k un entier ≥ 2, $\mu_1, \ldots, \mu_k$ des mesures sur $\mathbb{Z}_p$. Le moment d'ordre n du produit de convolution $\mu_1 \star \mu_2 \star \cdots \star \mu_k$ des mesures $\mu_1, \ldots, \mu_k$ est donné par :*

$$
m_{n, \mu_1 \star \cdots \star \mu_k} = \sum_{i_1 + \cdots + i_k = n} \binom{n}{i_1, \ldots, i_k} m_{i_1, \mu_1} \ldots m_{i_k, \mu_k}, \ si \ n \geq 1. \tag{3.1}
$$

Démonstration. Pour $k = 2$, puisque $\mathcal{L}_p(\mu_1 \star \mu_2)(z) = \mathcal{L}_p(\mu_1)(z) \cdot \mathcal{L}_p(\mu_2)(z)$ on voit que le moment d'ordre n de la mesure $\mu_1 \star \mu_2$ est donné par $m_{n, \mu_1 \star \mu_2} = \sum\limits_{r+s=n} \binom{n}{r} m_{r, \mu_1} m_{s, \mu_2}$.

Par récurrence on obtient (3.1). $\qquad\square$

Dans la suite, lorsque $F(z) = \sum_{n \geq 0} a_n z^n$ est une fonction analytique, on désigne par $\widetilde{F}(X) = \sum_{n \geq 0} a_n X^n$ la série formelle correspondante.

La Proposition 3.1.3 est une traduction du Lemme 1 de [15], en langage de la transformation de Laplace.

Proposition 3.1.3. *Soit* $F(z) = \sum_{n \geq 0} b_n \dfrac{z^n}{n!} \in \mathcal{A}_b(\mathcal{E}_p)$.

F *est un élément de* $Im(\mathcal{L}_p)$ *si et seulement si la série* $S(X) = \widetilde{F} \circ \log(1+X)$ *obtenue par substitution formelle, appartienne à* $K\langle X \rangle = \left\{ S = \sum_{n \geq 0} a_n X^n, \quad \|S\| = \sup_{n \geq 0} |a_n| < +\infty \right\}$.

Démonstration. Supposons qu'il existe une mesure $\mu \in M(\mathbb{Z}_p, \ K)$ et une fonction $F_\mu \in Im(\mathcal{L}_p)$ telle que $F_\mu(z) = \mathcal{L}_p(\mu)(z) = \sum_{n \geq 0} m_{n,\mu} \dfrac{z^n}{n!}$. Puisque F_μ est la série génératrice exponentielle des moments de μ, on obtient alors une série formelle à coefficients bornés S_μ en posant $S_\mu(X) = \widetilde{F_\mu} \circ \log(1 + X)$ d'après la Proposition 2.2.7.

Soit $F(z) = \sum_{n \geq 0} b_n \dfrac{z^n}{n!}$ une fonction analytique sur $\mathcal{E}_p$ à coefficients bornés ; supposons que la série formelle $S(X) = \widetilde{F} \circ \log(1 + X)$ est un élément de $K\langle X \rangle$.

Rappelons que les nombres de Stirling de première espèce, notés $s(n, k)$, $0 \leq k \leq n$, sont définis par la fonction génératrice "horizontale" (cf. par exemple [4])

$$(t)_n = n! Q_n(t) = \sum_{j=0}^{n} s(n, j) t^j,$$

où $Q_n(t) = \dbinom{t}{n} = \dfrac{t(t-1) \ldots (t - n + 1)}{n!}$ est le n-ième polynôme binomial. Leur série génératrice "verticale" (cf. par exemple [4]) est définie par :

$$\frac{\log^k(1 + X)}{k!} = \sum_{n \geq k} s(n, \ k) \frac{X^n}{n}.$$

Compte tenu de ce dernier développement en série, et comme $S(X) = \widetilde{F} \circ \log(1 + X)$, on a :

$$S(X) = \sum_{k \geq 0} b_k \frac{\log^k(1 + X)}{k!} = \sum_{k \geq 0} b_k \sum_{n \geq k} s(n,k) \frac{X^n}{n!} = \sum_{n \geq 0} \left[\frac{1}{n!} \sum_{k=0}^{n} b_k s(n, \ k) \right] X^n = \sum_{n \geq 0} c_n X^n,$$

où l'on a posé $c_n = \dfrac{1}{n!} \displaystyle\sum_{k=0}^{n} b_k s(n, k)$. Puisque les algèbres de Banach $K\langle X \rangle$ et $M(\mathbb{Z}_p, K)$

sont isométriquement isomorphes, à l'élément $S(X) = \displaystyle\sum_{n \geq 0} c_n X^n$ de $K\langle X \rangle$ il correspond

la mesure $\mu_S \in M(\mathbb{Z}_p, K)$ telle que $\langle \mu_S, Q_n \rangle = c_n$.

Puisque le n-ième polynôme binômial Q_n se développe sous la forme $Q_n(t) = \dfrac{1}{n!} \displaystyle\sum_{k=0}^{n} s(n, k) t^k$,

on a $c_n = \langle \mu_S, Q_n \rangle = \dfrac{1}{n!} \displaystyle\sum_{k=0}^{n} s(n, k) m_{k, \mu_S}$, pour tout $n \geq 0$, où m_{k, μ_S} est le moment

d'ordre k de la mesure μ_S. On a $b_0 = m_{0, \mu_S}$ et par récurrence, on montre que $b_n = m_{n, \mu_S}$
pour tout entier $n \geq 0$. Il en résulte que $F(z) = \mathcal{L}_p(\mu_S)(z)$; d'où $F \in Im(\mathcal{L}_p)$. $\qquad\square$

Corollaire 3.1.4. *Une suite $(b_n)_{n \geq 0}$ est une suite de moments si et seulement s'il existe une fonction $f \in \mathcal{A}_b(\mathcal{E}_p)$ telle que $\dfrac{d^n f}{dz^n}(0) = b_n$ et $\tilde{f} \circ \log(1 + X) \in K\langle X \rangle$.*

Démonstration. Supposons qu'il existe une fonction $f(z) = \displaystyle\sum_{k \geq 0} a_k z^k \in \mathcal{A}_b(\mathcal{E}_p)$ telle que

$\dfrac{d^n f}{dz^n}(0) = b_n$ et $\tilde{f} \circ \log(1 + X) \in K\langle X \rangle$. On a $\dfrac{d^n f}{dz^n} = \displaystyle\sum_{k \geq 0} (k+1)\dots(k+n) a_{k+n} z^k$ et

$\dfrac{d^n f}{dz^n}(0) = n! a_n$; d'où $a_n = \dfrac{b_n}{n!}$ et $f(z) = \displaystyle\sum_{k \geq 0} b_n \dfrac{z^n}{n!}$. D'après la Proposition 3.1.3, $(b_n)_n$ est

la suite de moments de la mesure μ_S associée à la série formelle à coefficients bornés
$S(X) = \tilde{f} \circ \log(1 + X)$.

Réciproquement, soit μ une mesure telle que $\mathcal{L}_p(\mu)(z) = \displaystyle\sum_{k \geq 0} b_k \dfrac{z^k}{k!} = f_\mu(z)$. On a

$$\frac{d^n f_\mu}{dz^n} = \sum_{k \geq 0} b_{n+k} \frac{z^k}{k!} \implies \frac{d^n f_\mu}{dz^n}(0) = b_n.$$

De plus, comme $f_\mu \in Im(\mathcal{L}_p)$ on a $\tilde{f}_\mu \circ \log(1 + X) \in K\langle X \rangle$ (Proposition 3.1.3). $\qquad\square$

Corollaire 3.1.5. *La suite $(B_n)_{n \geq 0}$ des nombres de Bernoulli n'est pas la suite de moments d'une mesure p-adique.*

Démonstration. La série génératrice exponentielle des nombres de Bernoulli est la fonction analytique g définie par $g(z) = \dfrac{z}{e^z - 1} = \sum_{n \geq 0} B_n \dfrac{z^n}{n!}$.

Pour $n \geq 1$, on a $|B_n| \leq p^{-1}$ (cf. par exemple [7, Proposition 3.2.5], [22]) et puisque $\rho^{S_p(n)} \leq \rho$, où l'on rappelle que $\rho = |p|^{\frac{1}{p-1}}$ et $S_p(n)$ est la somme des chiffres du développement de n en base p, on obtient $\sup_{n \geq 1} |B_n| \, \rho^{S_p(n)} \leq p^{-1}\rho < 1$. Par conséquent, la norme de g est donnée par $\|g\|_\rho = \max\left(1, \, \sup_{n \geq 1} |B_n| \, \rho^{S_p(n)}\right) = 1$; d'où $g \in \mathcal{A}_b(\mathcal{E}_p)$.

Posant $\tilde{g}(X) = \dfrac{X}{e^X - 1}$ et $S(X) = \tilde{g} \circ \log(1 + X)$, on obtient :

$$S(X) = \frac{\log(1 + X)}{X} = \sum_{n \geq 1} \frac{(-1)^{n-1}}{n} X^{n-1} = \sum_{n \geq 0} \frac{(-1)^n}{n+1} X^n = \sum_{n \geq 0} a_n X^n,$$

avec $a_n = \dfrac{(-1)^n}{n+1}$. La suite $(a_n)_{n \geq 0}$ n'étant pas bornée, on voit que la série formelle S n'appartient pas à $K\langle X \rangle$; donc d'après la Proposition 3.1.3, la série génératrice exponentielle des nombres de Bernoulli $g(z) = \dfrac{z}{e^z - 1}$ est un élément de $\mathcal{A}_b(\mathcal{E}_p)$ n'appartenant pas à $Im(\mathcal{L}_p)$.

D'où $(B_n)_{n \geq 0}$ n'est pas la suite de moments d'une mesure p-adique. $\qquad\qquad \square$

Proposition 3.1.6. *$Im(\mathcal{L}_p)$ est un sous-espace de $\mathcal{A}_b(\mathcal{E}_p)$ ne contenant ni les fonctions polynômes ni la fonction analytique F définie sur $\mathcal{E}_p$ par $F(z) = \log(1 + z)$.*

Démonstration. • Soient m un entier fixé ≥ 1, et F_m la fonction monôme définie sur $\mathcal{E}_p$ par $F_m(z) = z^m$. La fonction F_m est un élément de $\mathcal{A}_b(\mathcal{E}_p)$ tel que $F_m(z) = \sum_{n \geq 0} a_n \dfrac{z^n}{n!}$, avec $a_n = 0$ si $n \neq m$ et $a_m = m!$. Si $F_m \in Im(\mathcal{L}_p)$, il existerait une mesure $\mu \in M(\mathbb{Z}_p, K)$ de moment d'ordre n égal à a_n telle que $F_m = \mathcal{L}_p(\mu)$. Cette mesure μ serait telle que $\langle \mu, Q_m \rangle = \dfrac{1}{m!} \sum_{j=0}^{m} s(m, j)a_j = 1$; ainsi, on aurait $\|\mu\| \geq 1$ et l'entier q défini par $q = \left\lceil \dfrac{\log \|\mu\|}{\log |p|} \right\rceil$ est un entier ≥ 0.

Posant $s = m - 1$, on a $p + s = m + (p-1)$; ainsi $a_{p+s} = a_{m+(p-1)} = 0$ et $a_{s+1} = a_m = m!$. Mais, pour $m \leq p - 1$, on ne peut avoir $m! \equiv 0 \pmod{p^{1+q}}$; donc la suite $(a_n)_{n \geq 0}$ ne vérifie pas la relation (2.1) pour $r = k = 1$ et $s = m - 1$, pour $1 \leq m \leq p - 1$. D'où F_m n'est pas un élément de $Im(\mathcal{L}_p)$.

On en déduit que $Im(\mathcal{L}_p)$ ne contient pas les fonctions polynômes.

•• Considérons la fonction F définie par $F(z) = \log(1 + z)$, pour $z \in \mathcal{E}_p$. On peut écrire F sous la forme $F(z) = \displaystyle\sum_{n \geq 1} a_n \frac{z^n}{n!}$, avec $a_n = (-1)^{n-1}(n-1)!$ pour $n \geq 1$. On a

$$\|F\|_\rho = \sup_{n \geq 1} \frac{|a_n|}{|n!|} \rho^n = \sup_{n \geq 1} |(n-1)!| \frac{|p|^{\frac{n}{p-1}}}{|n!|} = \sup_{n \geq 1} |(n-1)!| |p|^{\frac{s_p(n)}{p-1}} = \rho.$$

S'il existait une mesure $\nu \in M(\mathbb{Z}_p, K)$ telle que $F = \mathcal{L}_p(\nu)$, on aurait $\langle \nu, Q_1 \rangle = a_1 = 1$. Dans ce cas on aurait $\|\nu\| \geq 1$ et l'entier q défini par $q = \left\lceil \dfrac{\log \|\nu\|}{\log |p|} \right\rceil$ serait un entier positif. Mais la suite $(a_n)_n$ étant telle que $a_3 = 2$ et $a_{2p+1} = (2p)!$, on ne peut avoir en général $a_{2p+1} \equiv a_3 \pmod{p^{q+1}}$, pour q entier ≥ 0. Donc, la suite $(a_n)_n$ ne vérifie pas la relation (2.1), pour $k = s = 1$ et $r = 2$; d'où $F \notin Im(\mathcal{L}_p)$. On en déduit que la suite $((-1)^n n!)_{n \geq 0}$ n'est pas une suite de moments d'une mesure p-adique élément de $M(\mathbb{Z}_p, K)$.   □

Remarque 3.1.2. Il découle de la Proposition 3.1.6 que $Im(\mathcal{L}_p) \neq \mathcal{A}_b(\mathcal{E}_p)$. Ainsi $\mathcal{L}_p$ n'est pas une application surjective.

Si μ est une mesure sur $\mathbb{Z}_p$ qui est inversible, on désignera son inverse par $\mu^{<-1>}$ ou simplement μ^{-1}.

Proposition 3.1.7. *Soit* $\mu \in M(\mathbb{Z}_p, K)$ *une mesure inversible ; on a :*

$$\mathcal{L}_p(\mu^{<-1>}) = \mathcal{L}_p(\mu)^{-1} \ \text{ et } \ \|\mathcal{L}_p(\mu)\|_\rho = \|\mu\|.$$

En outre l'image par $\mathcal{L}_p$ *de la boule unité ouverte* $d^-(\delta_0, 1) = \{\mu \in M(\mathbb{Z}_p, K), \|\mu - \delta_0\| < 1\}$ *est contenue dans* $D^-(1, 1) \cap Im(\mathcal{L}_p)$.

Démonstration. Soit $\mu \in M(\mathbb{Z}_p, K)$ une mesure inversible. On a :

$$1 = \mathcal{L}_p(\delta_0) = \mathcal{L}_p(\mu * \mu^{<-1>}) = \mathcal{L}_p(\mu)\mathcal{L}_p(\mu^{<-1>}) \iff \mathcal{L}_p(\mu^{<-1>}) = \mathcal{L}_p(\mu)^{-1}.$$

La mesure μ étant inversible, on a $\|\mu\| = |\langle \mu, Q_0 \rangle| = |m_{0,\mu}| \neq 0$. Comme $|m_{0,\mu}| \leq \|\mathcal{L}_p(\mu)\|_\rho \leq \|\mu\|$, on a $\|\mathcal{L}_p(\mu)\|_\rho = \|\mu\|$.

Puisque $\|\mathcal{L}_p(\nu)\|_\rho \leq \|\nu\|$, pour tout élément ν de $M(\mathbb{Z}_p, K)$, on a $\|\mathcal{L}_p(\mu - \delta_0)\|_\rho \leq \|\mu - \delta_0\|$. Si donc $\|\mu - \delta_0\| < 1$, on a $\|\mathcal{L}_p(\mu) - 1\|_\rho < 1$. Dans ce cas : $\|\mu\| = 1 = \|\mathcal{L}_p(\mu)\|_\rho$.

De plus, μ est inversible. Il vient que $d^-(\delta_0, 1)$ est un sous-groupe du groupe des mesures inversibles, dont l'image est contenue dans l'ensemble $D^-(1, 1) \cap Im(\mathcal{L}_p)$, où $D^-(1, 1) = \left\{ f \in \mathcal{A}_b(\mathcal{E}_p), \|f - 1\|_\rho < 1 \right\}$.   □

Corollaire 3.1.8. *Soit* $\mu \in M(\mathbb{Z}_p, K)$ *une mesure inversible. Le moment d'ordre n de la mesure μ^{-1} est donné par :* $m_{0,\mu^{-1}} = m_{0,\mu}^{-1}$ *lorsque $n = 0$ et*

$$m_{n,\mu^{-1}} = \sum_{\substack{i_1+\cdots+i_j=n \\ i_1,\ldots,i_j \geq 1}} (-1)^j m_{0,\mu}^{-1-j} \binom{n}{i_1,\ldots,i_j} m_{i_1,\mu}\ldots m_{i_j,\mu}, \text{ pour } n \geq 1. \tag{3.2}$$

Démonstration. Soit $\mu \in M(\mathbb{Z}_p, K)$ une mesure, de moment d'ordre n noté $m_{n,\mu}$. Si μ est inversible, on a $\|\mu\| = |m_{0,\mu}| \neq 0$. De plus, on a pour $z \in \mathcal{E}_p$:

$$\mathcal{L}_p(\mu^{-1})(z) = \mathcal{L}_p(\mu)(z)^{-1} = \left(\sum_{n\geq 0} m_{n,\mu}\frac{z^n}{n!}\right)^{-1} = a_0^{-1}\left(1 + a_0^{-1}\sum_{n\geq 1} a_n z^n\right)^{-1},$$

où l'on a posé $a_n = \dfrac{m_{n,\mu}}{n!}$ pour $n \geq 0$.

Mais $\|a_0^{-1}\sum_{n\geq 1} a_n z^n\|_\rho \leq |a_0|^{-1}\sup_{n\geq 1}|a_n|\rho^n \leq \rho|a_0|^{-1}\|\mu\| = \rho < 1$ car $\|\mu\| = |a_0|$. Ainsi, on a :

$$\left(1 + a_0^{-1}\sum_{n\geq 1} a_n z^n\right)^{-1} = \sum_{j\geq 0}(-1)^j a_0^{-j}\left(\sum_{n\geq 1} a_n z^n\right)^j$$

$$= 1 + \sum_{j\geq 1}(-1)^j a_0^{-j}\sum_{n\geq j} a_j(n)z^n = 1 + \sum_{n\geq 1}\sum_{j=1}^{n}(-1)^j a_0^{-j} a_j(n)z^n,$$

où $a_j(n) = \sum_{\substack{i_1+\cdots+i_j=n \\ i_1,\ldots,i_j \geq 1}} a_{i_1}\ldots a_{i_j} = \dfrac{1}{n!}\sum_{\substack{i_1+\cdots+i_j=n \\ i_1,\ldots,i_j \geq 1}} \binom{n}{i_1\ldots i_j} m_{i_1,\nu}\ldots m_{i_j,\nu}$. Par conséquent, on a :

$$\mathcal{L}_p(\mu^{-1})(z) = m_{0,\mu}^{-1} + \sum_{n\geq 1}\left[n!\sum_{j=1}^{n}(-1)^j m_{0,\mu}^{-j-1} a_j(n)\right]\frac{z^n}{n!}.$$

D'où l'on déduit (3.2). □

Pour $y \in D^-(0,\, 1)$ fixé et $\mu \in M(\mathbb{Z}_p, K)$, posons :

$$\mathcal{F}(\mu)(y) = \int_{\mathbb{Z}_p} (1+y)^t d\mu(t).$$

Alors $|\mathcal{F}(\mu)(y)| \leq \|\mu\|$ et $\sup_{|y|\leq 1}|\mathcal{F}(\mu)(y)| \leq \|\mu\|$. On définit ainsi une application linéaire continue $\mathcal{F}$ de $M(\mathbb{Z}_p, K)$ dans $\mathcal{A}_b(D^-(0,\, 1))$ appelée la transformation de Fourier.

Le théorème qui suit est tout simplement une variante de l'isomorphisme $M(\mathbb{Z}_p, K) \simeq K\langle X\rangle$.

Théorème 3.1.9. *L'application qui a une mesure μ associe sa transformation de Fourier est un isomorphisme isométrique d'espaces de Banach de $M(\mathbb{Z}_p, K)$ sur $\mathcal{A}_b(D^-(0, 1))$.*

Soit f une fonction continue sur $\mathbb{Z}_p$ à valeurs dans le corps K et soit $\mu \in M(\mathbb{Z}_p, K)$, on note $f\mu$ la mesure définie par $\langle f\mu, g \rangle = \langle \mu, fg \rangle$, pour $g \in \mathcal{C}(\mathbb{Z}_p, K)$.

On désigne par φ_k la fonction monôme de degré k telle que $\varphi_k(x) = x^k$, pour k entier ≥ 0 et par $e : \mathcal{E}_p \longrightarrow K$ l'application définie par $e(z) = e^z - 1$. Avec ces notations, on a les propriétés suivantes pour la transformation de Laplace.

Proposition 3.1.10. *Lorsque $\mu \in M(\mathbb{Z}_p, K)$, sa transformée de Laplace $\mathcal{L}_p(\mu)$ est donnée également par:*

$$\mathcal{L}_p(\mu)(z) = (\breve{e} \circ \mathcal{F}_p(\mu))(z), \tag{3.3}$$

où $\mathcal{F}_p(\mu)$ est la restriction à $\mathcal{E}_p$ de $\mathcal{F}(\mu)$ et $\breve{e}$ est l'application de substitution par e. D'autre part, on a :

- *$\mathcal{L}_p(\delta_a)(z) = e^{az}$, où δ_a est la mesure de Dirac en $a \in \mathbb{Z}_p$.*
- *$\dfrac{d^k \mathcal{L}_p(\mu)}{dz^k}(z) = \mathcal{L}_p(\varphi_k\mu)(z)$.*

Démonstration. • Considérons l'opérateur aux différences finies Δ défini sur l'espace des fonctions continues $\mathcal{C}(\mathbb{Z}_p, K)$ par :

$$\Delta(f)(t) = f(t+1) - f(t).$$

Puisque $t \longrightarrow e^{tz}$ est une fonction continue de la variable t, on a : $e^{tz} = \sum_{n \geq 0} \Delta^n(e^{tz})(0) \binom{t}{n}$.

Notons que $\Delta(e^{tz}) = e^{tz}(e^z - 1)$ et par récurrence on a $\Delta^n(e^{tz}) = (e^z - 1)^n e^{tz}$, pour tout entier $n \geq 0$. Ainsi, on a $\Delta^n(e^{tz})(0) = (e^z - 1)^n$ et $e^{tz} = \sum_{n \geq 0} (e^z - 1)^n \binom{t}{n}$. Dans ce cas, la transformation de Laplace d'une mesure $\mu \in M(\mathbb{Z}_p, K)$ est donnée par la formule $\mathcal{L}_p(\mu)(z) = \sum_{n \geq 0} b_n(e^z - 1)^n$, où $b_n = \int_{\mathbb{Z}_p} \binom{t}{n} d\mu(t) = \langle \mu, Q_n \rangle$.

Puisque $(1 + y)^t = \sum_{n \geq 0} \binom{t}{n} y^n$, on a $\mathcal{F}(\mu)(y) = \sum_{n \geq 0} b_n y^n$ avec $y \in D^-(0, 1)$.

Soit R_p l'opérateur qui à toute application $f \in \mathcal{A}_b(D^-(0, 1))$ associe $R_p(f) = f|_{\mathcal{E}_p}$ la restriction de f à $\mathcal{E}_p$. On a $R_p(f) \in \mathcal{A}(\mathcal{E}_p)$, $\mathcal{F}_p = R_p \circ \mathcal{F}$ et $\mathcal{F}_p(\mu)(y) = \sum_{n \geq 0} b_n y^n$ avec $y \in \mathcal{E}_p$. Notant $\breve{e}$ l'application de substitution par e, on a :

$$(\breve{e} \circ \mathcal{F}_p(\mu))(z) = \mathcal{F}_p(\mu)(e(z)) = \sum_{n \geq 0} b_n e(z)^n = \mathcal{L}_p(\mu)(z), \text{ pour } z \in \mathcal{E}_p$$

Cette situation est résumée par le diagramme commutatif suivant :

$$
\begin{array}{ccc}
M(\mathbb{Z}_p,\ K) & \xrightarrow{\ \mathcal{L}_p\ } & \mathcal{A}_b(\mathcal{E}_p) \\
\mathcal{F} \downarrow & & \uparrow \breve{e} \\
\mathcal{A}_b(D^-(0,\ 1)) & \xrightarrow{\ R_p\ } & \mathcal{A}_b(\mathcal{E}_p)
\end{array}
$$

Soit $a \in \mathbb{Z}_p$ et soit δ_a la mesure de Dirac au point a. Pour toute fonction $f : \mathbb{Z}_p \longrightarrow K$, on a $\displaystyle\int_{\mathbb{Z}_p} f(t)d\delta_a(t) = f(a)$; d'où $\mathcal{L}_p(\delta_a)(z) = e^{az}$.

En particulier, la transformation de Laplace de la mesure $\omega = \delta_1 - \delta_0$ est $\mathcal{L}_p(\omega)(z) = e^z - 1$. Ainsi, $\mathcal{L}_p(\omega^k)(z) = \mathcal{L}_p(\omega)(z)^k = (e^z - 1)^k = e(z)^k$, si k un entier ≥ 1.

•• Soit $\mu \in M(\mathbb{Z}_p,\ K)$ et soit k un entier ≥ 0.

Posant $\mathcal{L}_p(\mu)(z) = \displaystyle\sum_{n \geq 0} m_{n,\mu} \frac{z^n}{n!}$, on voit par récurrence que $\dfrac{d^k \mathcal{L}_p(\mu)}{dz^k}(z) = \displaystyle\sum_{n \geq 0} m_{n+k,\mu} \frac{z^n}{n!}$.

La fonction $\varphi_k : \mathbb{Z}_p \longrightarrow K$ étant définie par $\varphi_k(t) = t^k$, on a $\varphi_k(t)e^{tz} = \displaystyle\sum_{n \geq 0} t^{n+k} \frac{z^n}{n!}$ et par conséquent

$$
\mathcal{L}_p(\varphi_k \mu)(z) = \langle \varphi_k \mu,\ \exp(\bullet z)\rangle = \langle \mu,\ \varphi_k \exp(\bullet z)\rangle = \sum_{n \geq 0} m_{n+k,\mu} \frac{z^n}{n!} = \frac{d^k \mathcal{L}_p(\mu)}{dz^k}(z).
$$

D'où $\dfrac{d^k \mathcal{L}_p(\mu)}{dz^k}(z) = \mathcal{L}_p(\varphi_k \mu)(z)$; on en déduit que $m_{n+k,\mu} = m_{n,\varphi_k \mu}$. $\qquad\qquad\square$

Corollaire 3.1.11. *$Im(\mathcal{L}_p)$ est constituée des fonctions analytiques définie sur $\mathcal{E}_p$ à coefficients bornés de la forme $g(z) = \displaystyle\sum_{n \geq 0} a_n (e^z - 1)^n$, où $z \in \mathcal{E}_p$ et $(a_n)_{n \geq 0}$ est une suite bornée.*

Démonstration. Soit $(a_n)_{n \geq 0} \subset K$ une suite bornée et soit g la fonction analytique définie sur $\mathcal{E}_p$ par $g(z) = \displaystyle\sum_{n \geq 0} a_n (e^z - 1)^n$. Puisque $(e^z - 1)^n = n! \displaystyle\sum_{m \geq n} S(m,\ n) \frac{z^m}{m!}$ (où $S(m,\ n)$ désignent les nombres de Stirling de deuxième espèce), on a :

$$
g(z) = \sum_{n \geq 0} n! a_n \sum_{m \geq n} S(m,\ n) \frac{z^m}{m!} = \sum_{m \geq 0} b_m \frac{z^m}{m!},
$$

où $b_m = \displaystyle\sum_{n=0}^{m} n! a_n S(m,\ n)$ est tel que $|b_m| \leq \max_{0 \leq n \leq m} |n! a_n S(m,\ n)| \leq \sup_{n \geq 0} |a_n| < +\infty$, pour tout $m \geq 0$. D'où $(b_m)_{m \geq 0}$ est une suite bornée d'éléments de K. Dans ce cas, on a

$$\|g\|_\rho = \sup_{m \geq 0} \frac{|b_m|}{|m!|} \rho^m = \max\left(|b_0|,\ \sup_{m \geq 1} |b_m|\ \rho^{S_p(m)} \right) \leq \max\left(|b_0|,\ \rho \sup_{m \geq 1} |b_m| \right) < +\infty.$$

D'où g est une fonction analytique sur $\mathcal{E}_p$ à coefficients bornés. Dans ce cas, on a

$$g(z) = \sum_{n \geq 0} a_n (e^z - 1)^n = \sum_{n \geq 0} a_n \mathcal{L}_p(\omega^n)(z) = \sum_{n \geq 0} a_n \langle \omega^n,\ \exp(\bullet z) \rangle = \langle \sum_{n \geq 0} a_n \omega^n,\ \exp(\bullet z) \rangle,$$

et l'on voit que g est la transformée de Laplace de la mesure $\displaystyle\sum_{n \geq 0} a_n \omega^n \in M(\mathbb{Z}_p,\ K)$.

Soit f un élément de $Im(\mathcal{L}_p)$. Il existe une mesure $\mu \in M(\mathbb{Z}_p,\ K)$ telle que $f(z) = \mathcal{L}_p(\mu)(z)$. Puisque μ se développe en série faiblement convergente sous la forme $\mu = \displaystyle\sum_{n \geq 0} \langle \mu,\ Q_n \rangle \omega^n$, on a

$$f(z) = \mathcal{L}_p \left(\sum_{n \geq 0} \langle \mu,\ Q_n \rangle \omega^n \right)(z) = \sum_{n \geq 0} \langle \mu,\ Q_n \rangle \mathcal{L}_p(\omega^n)(z) = \sum_{n \geq 0} a_n (e^z - 1)^n,$$

où $a_n = \langle \mu,\ Q_n \rangle$ est bien une suite bornée. $\qquad\qquad \square$

3.2 Transformation de Laplace et suites classiques de nombres.

Pour $z \in \mathcal{E}_p$, on définit les fonctions cosinus, sinus et tangente hyperboliques p-adiques, notées respectivement ch, sh et th en posant : $\operatorname{ch}(z) = \dfrac{e^z + e^{-z}}{2}$, $\operatorname{sh}(z) = \dfrac{e^z - e^{-z}}{2}$ et $\operatorname{th}(z) = \dfrac{\operatorname{sh} z}{\operatorname{ch} z}$.

Considérons l'extension $K[i]$ du corps K où i est une racine du polynôme $X^2 + 1$. Il se peut que l'on ait $K[i] = K$. Soit $E_{p,i} = \{\xi \in K[i] / |\xi| < \rho\}$, avec $\rho = |p|^{\frac{1}{p-1}}$.

On définit les fonctions trigonométriques cos, sin et tg sur $E_{p,i}$ en posant $\cos(\xi) = \dfrac{e^{i\xi} + e^{-i\xi}}{2}$, $\sin(\xi) = \dfrac{e^{i\xi} - e^{-i\xi}}{2i}$ et $\operatorname{tg}(\xi) = \dfrac{\sin(\xi)}{\cos(\xi)}$.

Sachant que $e^t = \displaystyle\sum_{n \geq 0} \frac{t^n}{n!}$, pour $t \in E_{p,i}$, on retrouve les développements habituels en séries entières de chacune des fonctions ci-dessus. De plus, comme tout élément z de $\mathcal{E}_p$ est un élément de $E_{p,i}$, tenant compte des développements en séries, on voit que si $z \in \mathcal{E}_p$, alors $\cos(z),\ \sin(z),\ \operatorname{tg}(z) \in K$.

3.2.1   Mesures liées à celles de Dirac.

Soit $a \in \mathbb{Z}_p$.

On a $\mathcal{L}_p(\delta_a + \delta_{-a})(z) = e^{az} + e^{-az} = 2\,\mathrm{ch}(az)$ et $\mathcal{L}_p(\delta_a - \delta_{-a})(z) = 2\,\mathrm{sh}(az)$, pour $z \in \mathcal{E}_p$. En particulier, si i est une racine carrée de -1 dans $\mathbb{Q}_p$, c'est-à-dire lorque $p \equiv 1 \pmod 4$, on a $\mathcal{L}_p(\delta_i + \delta_{-i})(z) = 2\cos z$ et $\mathcal{L}_p(\delta_i - \delta_{-i})(z) = 2i\sin z$.

3.2.1.1   Les nombres d'Euler.

Dans ce qui suit, on pose $a_n = \dfrac{(-1)^n}{2^{n+1}} \displaystyle\sum_{j=0}^{\left[\frac{n}{2}\right]} (-1)^j \binom{n+1}{2j+1}$, pour $n \geq 0$, où $\left[\dfrac{n}{2}\right]$ est la partie entière du nombre rationnel $\dfrac{n}{2}$.

Lemme 3.2.1. *Soit p un nombre premier impair. La mesure $\delta_1 + \delta_{-1}$ est inversible, d'inverse la mesure $\mu_1 = (\delta_1 + \delta_{-1})^{-1}$ telle que*

$$\mu_1 = \sum_{n \geq 0} c_n \omega^n, \tag{3.4}$$

où $c_0 = a_0$ et $c_n = a_n + a_{n-1}$, pour $n \geq 1$.

Démonstration. Soit p un nombre premier impair; on sait dans ce cas que la mesure $\delta_1 + \delta_{-1}$ est inversible (Corollaire 1.1.4), d'inverse notée $\mu_1 = (\delta_1 + \delta_{-1})^{-1}$. Mais, comme $\omega = \delta_1 - \delta_0$ on a :

$$\mu_1 = (\delta_1 + \delta_{-1})^{-1} = \left(\delta_0 + \omega + \frac{\delta_0}{\delta_0 + \omega}\right)^{-1} = (\delta_0 + \omega) \star (2\delta_0 + 2\omega + \omega^2)^{-1}.$$

Le polynôme du second degré $2 + 2t + t^2$ a pour racines $-1 - i$ et $-1 + i$ où i est tel que $i^2 + 1 = 0$. Puisque $\dfrac{1}{1+i+t} = \displaystyle\sum_{n\geq 0} \dfrac{(-1)^n}{(1+i)^{n+1}} t^n$ et $\dfrac{1}{1-i+t} = \displaystyle\sum_{n\geq 0} \dfrac{(-1)^n}{(1-i)^{n+1}} t^n$, on obtient la décomposition en éléments simples de la fraction rationnelle $\dfrac{1}{2+2t+t^2}$ sous la forme

$$\frac{1}{2+2t+t^2} = \frac{i}{2}\sum_{n\geq 0}(-1)^n \left[\frac{1}{(1+i)^{n+1}} - \frac{1}{(1-i)^{n+1}}\right] t^n$$

$$= \frac{i}{2}\sum_{n\geq 0}\frac{(-1)^n}{2^{n+1}}\left[(1-i)^{n+1} - (1+i)^{n+1}\right] t^n.$$

Mais, puisque $\frac{i}{2}\left[(1-i)^{n+1} - (1+i)^{n+1}\right] = \frac{i}{2}\sum_{k=0}^{n+1}\binom{n+1}{k}\left[(-1)^k - 1\right]i^k = \sum_{k=0}^{\left[\frac{n}{2}\right]}(-1)^k\binom{n+1}{2k+1}$,

où $\left[\frac{n}{2}\right]$ est la partie entière du nombre rationnel $\frac{n}{2}$, on obtient finalement

$$\frac{1}{2+2t+t^2} = \sum_{n\geq 0}\frac{(-1)^n}{2^{n+1}}\sum_{k=0}^{\left[\frac{n}{2}\right]}(-1)^k\binom{n+1}{2k+1}t^n = \sum_{n\geq 0}a_n t^n,$$

avec $a_n = \frac{(-1)^n}{2^{n+1}}\sum_{k=0}^{\left[\frac{n}{2}\right]}(-1)^k\binom{n+1}{2k+1}$. Par conséquent, la mesure μ_1 est donnée par :

$$\mu_1 = (\delta_0 + \omega)\star\sum_{n\geq 0}a_n\omega^n = a_0\delta_0 + \sum_{n\geq 1}(a_n + a_{n-1})\omega^n = \sum_{n\geq 0}c_n\omega^n,$$

avec $c_0 = a_0$ et $c_n = a_n + a_{n-1}$, pour $n \geq 1$.   □

Soit q un entier ≥ 1.
Les nombres d'Euler généralisés $E_n^{(q)}$ d'ordre q, $n \geq 0$, sont définis par la série génératrice exponentielle suivante :

$$\left(\frac{1}{\text{ch }z}\right)^q = \sum_{n\geq 0}E_n^{(q)}\frac{z^n}{n!}.$$

Les nombres $E_n^{(1)} = E_n$ sont les nombres "classiques" d'Euler. Les nombres d'Euler sont importants en théorie des nombres et en analyse combinatoire. C'est pourquoi beaucoup d'auteurs ont travaillé sur les propriétés arithmétiques de ces nombres (cf. par exemple [14, 13, 23, 30, 36]).
Comme nous allons le voir, les nombres d'Euler et les nombres d'Euler généralisés d'ordre $q \neq 1$ sont liés à la transformation de Laplace de la mesure $2\mu_1 = 2(\delta_1 + \delta_{-1})^{-1}$. Ceci permet d'avoir pour ces nombres les congruences de type Kummer, lorsque $p \neq 2$.

Théorème 3.2.2. *Soit p un nombre premier ≥ 3. Les nombres d'Euler vérifient les relations suivantes :*

$$E_n = 2\sum_{j=0}^{n}j!c_j S(n, j), \qquad (3.5a)$$

$$E_{rp^k+s} \equiv E_{rp^{k-1}+s} \pmod{p^k}, \qquad (3.5b)$$

où r, k et s sont des entiers tels que $(r, p) = 1$, $k \geq 1$ et $s \geq 0$.
En outre, on a :

$$E_n = \sum_{\substack{i_1+\cdots+i_j=n \\ i_\ell \text{ pair et } \geq 2}}(-1)^j\binom{n}{i_1,\ldots,i_j}, \quad \text{si } n \geq 1. \qquad (3.6)$$

Démonstration. Soit p un nombre premier impair ; on a pour $z \in \mathcal{E}_p$:

$$\mathcal{L}_p(\mu_1)(z) = [\mathcal{L}_p(\delta_1 + \delta_{-1})(z)]^{-1} = \frac{1}{2\,\mathrm{ch}\,z} = \frac{1}{2}\sum_{n\geq 0} E_n \frac{z^n}{n!}.$$

Ainsi E_n est le moment d'ordre n de la mesure $2\mu_1$, c'est-à-dire $E_n = 2\displaystyle\int_{\mathbb{Z}_p} t^n d\mu_1(t)$. Cette mesure étant de norme égale à 1 (Corollaire 1.1.4), en appliquant le Lemme 2.1.1, on obtient (3.5b).

Soit k est un entier ≥ 0 fixé ; comme $t^n = \displaystyle\sum_{j=0}^n j!S(n,\,j)Q_j$ et $\langle \omega^k,\,Q_j\rangle = \delta_{j,k}$ (le symbole de Kronecker) on a :

$$\langle \omega^k,\,t^n\rangle = \sum_{j=0}^n j!S(n,\,j)\langle \omega^k,\,Q_j\rangle = \begin{cases} k!S(n,\,k), & \text{si } 0 \leq k \leq n \\ 0, & \text{sinon} \end{cases}.$$

Ainsi on a $\langle \mu_1,\,t^n\rangle = \displaystyle\sum_{k\geq 0} c_k\langle \omega^k,\,t^n\rangle = \sum_{k=0}^n c_k k!S(n,\,k)$. D'où l'on déduit (3.5a) en remarquant que $E_n = \langle 2\mu_1,\,t^n\rangle$.

Soit n un entier ≥ 1 ; le moment d'ordre n de la mesure $\frac{1}{2}(\delta_1 + \delta_{-1})$, noté $m_{n,\frac{1}{2}(\delta_1+\delta_{-1})}$ est égal à 1 si n est pair et zéro si n est impair. Ainsi, en appliquant le Corollaire 3.1.8, on obtient (3.6). $\qquad\square$

Soit n un entier ≥ 0. Posons $r_n = \max_{0\leq j\leq n} S_2(j)$, où $S_2(j)$ est la somme des chiffres du développement de l'entier j dans la base 2.
Dans la Proposition qui suit, nous donnons des congruences satisfaites par les nombres d'Euler modulo les puissances de 2 obtenues par manipulation d'un produit de séries impliquant la série génératrice exponentielle des nombres d'Euler.

Proposition 3.2.3. *Les nombres d'Euler vérifient les congruences suivantes*

$$\sum_{j=0}^n \binom{n}{j} E_{n-j} \equiv 0 \pmod{2^{n-r_n}}. \tag{3.7}$$

Démonstration. Dans toute cette démonstration, les valeurs absolues sont les valeurs absolues 2-adiques.
Tout d'abord, on a $\dfrac{e^z}{\mathrm{ch}\,z} = \displaystyle\sum_{n\geq 0}\left[\sum_{j=0}^n \binom{n}{j}E_{n-j}\right]\frac{z^n}{n!}$.

Pour $z \in E_2$, on a $\left| \dfrac{e^{-2z} - 1}{2} \right| = \left| \dfrac{2z}{2} \right| = |z| < \dfrac{1}{2}$; dans ce cas :

$$\frac{1}{\operatorname{ch} z} = \frac{1}{\operatorname{ch}(-z)} = \frac{2e^{-z}}{e^{-2z} + 1} = \frac{e^{-z}}{\frac{e^{-2z} - 1}{2} + 1} = e^{-z} \sum_{k \geq 0} k! \left(-\frac{1}{2} \right)^k \frac{(e^{-2z} - 1)^k}{k!}.$$

Puisque $\dfrac{(e^z - 1)^k}{k!} = \displaystyle\sum_{n \geq k} S(n, \, k) \dfrac{z^n}{n!}$ (les $S(n, \, j)$ étant les nombres de Stirling de deuxième

espèce), on a

$$\frac{e^z}{\operatorname{ch} z} = \sum_{k \geq 0} k! \left(-\frac{1}{2} \right)^k \sum_{n \geq k} (-2)^n S(n, \, k) \frac{z^n}{n!} = \sum_{n \geq 0} \left[\sum_{k=0}^{n} k! (-2)^{n-k} S(n, \, k) \right] \frac{z^n}{n!},$$

ce qui implique $\displaystyle\sum_{j=0}^{n} \binom{n}{j} E_{n-j} = \sum_{k=0}^{n} k! (-2)^{n-k} S(n, \, k)$. Ainsi, puisque $|k!| = |2|^{k - S_2(k)}$ où

$S_2(k)$ est la somme des chiffres du développement de l'entier $k \in \{0, \ldots, n\}$ dans la base 2, posant $r_n = \displaystyle\max_{0 \leq k \leq n} S_2(k)$, on obtient :

$$\left| \sum_{j=0}^{n} \binom{n}{j} E_{n-j} \right| = \left| \sum_{k=0}^{n} k! (-2)^{n-k} S(n, \, k) \right| \leq \max_{0 \leq k \leq n} \left| k! (-2)^{n-k} S(n, \, k) \right|$$

$$\leq \max_{0 \leq k \leq n} |2|^{n - S_2(k)} = |2|^{n - r_n}.$$

D'où l'on déduit (3.7). $\qquad\qquad\qquad\qquad\qquad\qquad\qquad\qquad\qquad\qquad\qquad\qquad\qquad\qquad$ $\square$

Théorème 3.2.4. *Soit q un entier ≥ 1 fixé. Les nombres d'Euler généralisés $E_n^{(q)}$ d'ordre q, $n \geq 0$, satisfont les congruences suivantes:*

$$E_{rp^k + s}^{(q)} \equiv E_{rp^{k-1} + s}^{(q)} \pmod{p^k}, \, \text{si } p \geq 3, \tag{3.8}$$

où r, k et s sont des entiers tels que $(r, p) = 1$, $k \geq 1$ et $s \geq 0$.
De plus, les suites $(E_n^{(q)})_{n \geq 0}$, $(E_n^{(q-1)})_{n \geq 0}$ et $(E_n)_{n \geq 0}$ sont telles que:

$$E_n^{(q)} = \sum_{j+k=n} \binom{n}{j} E_j^{(q-1)} E_k. \tag{3.9}$$

Démonstration. Soit q un entier ≥ 1.
Pour $\mu \in M(\mathbb{Z}_p, K)$, on a $\mathcal{L}_p(\mu^{\star q})(z) = [\mathcal{L}_p(\mu)(z)]^q$. Ainsi, posant $\mu = 2\mu_1$ avec $\mu_1 = (\delta_1 + \delta_{-1})^{-1}$ et $\mu_q = \mu^{\star q} = (2\mu_1)^{\star q}$, on a :

$$\mathcal{L}_p (\mu_q) (z) = [\mathcal{L}_p(2\mu_1)(z)]^q = \left(\frac{1}{\operatorname{ch} z} \right)^q = \sum_{n \geq 0} E_n^{(q)} \frac{z^n}{n!}.$$

Donc, $E_n^{(q)}$ est le moment d'ordre n de la mesure μ_q. Comme la norme est multiplicative dans $M(\mathbb{Z}_p, K)$, on a :

$$\|\mu_q\| = \|\mu^{\star q}\| = \|\mu\|^q = |2^q| \, \|\mu_1\|^q = 1, \text{ pour } p \geq 3.$$

Ainsi, en appliquant le Lemme 2.1.1 pour la mesure μ_q, on obtient (3.8).

On obtient (3.9) en remarquant que $\mathcal{L}_p(\mu_q)(z) = \mathcal{L}_p(\mu^{\star(q-1)})(z)\mathcal{L}_p(\mu)(z)$ et en appliquant le Corollaire 3.1.2. $\square$

Remarque 3.2.1. Supposons que $p = 2$ et écrivons la fonction ch définie par ch $z = \sum_{n \geq 0} \dfrac{z^{2n}}{(2n)!}$ sous la forme ch $z = \sum_{n \geq 0} a_n \dfrac{z^n}{n!}$, avec $a_n = 1$ si n est pair et $a_n = 0$ sinon. Pour $n \geq 1$, puisque $|n!| = |2|^{n-S_2(n)}$, où $S_2(n)$ est la somme des chiffres du développement de n en base 2, on a :

$$\frac{|a_n|}{|n!|} |2|^n \leq \frac{|2|^n}{|n!|} = |2|^{S_2(n)} < 1 \quad \Longrightarrow \quad \|\text{ch}\|_\rho = \sup_{n \geq 0} \frac{|a_n|}{|n!|} |2|^n = |a_0| = 1.$$

D'où ch $\in \mathcal{A}_b(E_2)$; de plus, ch est inversible dans $\mathcal{A}_b(E_2)$ car le premier coefficient de son développement est égal à 1, qui est inversible dans $\mathbb{Z}_2$. Son inverse, $\dfrac{1}{\text{ch}}$ qui est la série génératrice exponentielle des nombres d'Euler, est aussi de norme égale à 1.

La transformation de Laplace de la mesure $\dfrac{\delta_1 + \delta_{-1}}{2}$ est $\mathcal{L}_2\left(\dfrac{\delta_1 + \delta_{-1}}{2}\right)(z) = \text{ch } z$, pour $p \neq 2$. Puisque $\dfrac{\delta_1 + \delta_{-1}}{2}$ est une mesure non inversible dans $M(\mathbb{Z}_2, K)$ (Corollaire 1.1.4) alors on voit qu'il n'existe aucune mesure $\mu \in M(\mathbb{Z}_2, K)$ telle que $\mathcal{L}_2(\mu)(z) = \dfrac{1}{\text{ch } z}$. Autrement dit, lorsque $p = 2$ la suite des nombres d'Euler n'est pas une suite de moments d'une mesure 2-adique. Par conséquent, il n'est pas possible d'utiliser une mesure 2-adique (comme dans le cas $p \neq 2$) pour démontrer le résultat classique suivant, dû à Stern, pour lequel G. Liu dans [23] et M.-S. Kim dans [17] donnent de nouvelles démonstrations :

$$E_{2n} \equiv E_{2m} \pmod{2^k} \quad \Longleftrightarrow \quad 2n \equiv 2m \pmod{2^k}.$$

3.2.1.2   Une suite liée aux nombres d'Euler.

La mesure $\gamma_{1,1} = \delta_1 + \delta_{-1} - \delta_0$ est inversible, de norme égale à 1 (Corollaire 1.1.4) et d'inverse $\mu^\star = (\delta_1 + \delta_{-1} - \delta_0)^{-1}$. Désignant par $(d_n)_{n \geq 0}$ la suite des moments de $\mu^\star$ et compte tenu de ce que $\mathcal{L}_p(\gamma_{1,1})(z) = 2\,\text{ch } z - 1$, pour $z \in \mathcal{E}_p$, on a :

$$\frac{1}{2\,\text{ch } z - 1} = \sum_{n \geq 0} d_n \frac{z^n}{n!}.$$

La suite $(d_n)_{n \geq 0}$ est telle que $d_0 = 1$ et $d_{2n+1} = 0$, $\forall n \geq 0$, car la fonction $z \longrightarrow \dfrac{1}{2 \operatorname{ch} z - 1}$ est paire.

Lemme 3.2.5. *La suite $(d_n)_{n \geq 0}$ est liée aux nombres d'Euler par la relation suivante :*

$$2E_{2n} = d_{2n} - \sum_{j=1}^{n-1} \binom{2n}{2j} E_{2j} d_{2n-2j}, \ pour \ n \geq 2. \tag{3.10}$$

Démonstration. Posant $d(z) = \dfrac{1}{2 \operatorname{ch} z - 1}$, on a $2d(z) = \dfrac{1 + d(z)}{\operatorname{ch} z} = \dfrac{1}{\operatorname{ch} z} + d(z) \times \dfrac{1}{\operatorname{ch} z}$ et l'on obtient

$$2 \sum_{n \geq 0} d_{2n} \frac{z^{2n}}{(2n)!} = \sum_{n \geq 0} E_{2n} \frac{z^{2n}}{(2n)!} + \left[\sum_{n \geq 0} d_{2n} \frac{z^{2n}}{(2n)!} \right] \left[\sum_{n \geq 0} E_{2n} \frac{z^{2n}}{(2n)!} \right] \implies$$

$$2 \sum_{n \geq 0} d_{2n} \frac{z^{2n}}{(2n)!} = \sum_{n \geq 0} E_{2n} \frac{z^{2n}}{(2n)!} + \sum_{n \geq 0} \left[\sum_{j=0}^{n} \binom{2n}{2j} E_{2j} d_{2n-2j} \right] \frac{z^{2n}}{(2n)!} \implies$$

$$2d_{2n} = E_{2n} + \sum_{j=0}^{n} \binom{2n}{2j} E_{2j} d_{2n-2j}.$$

Ainsi, pour $n \geq 2$, on a : $2d_{2n} = E_{2n} + d_{2n} + \sum_{j=1}^{n-1} \binom{2n}{2j} E_{2j} d_{2n-2j} + E_{2n}$. D'où l'on déduit (3.10). $\qquad \square$

Proposition 3.2.6. *La suite $(d_n)_{n \geq 0}$ vérifie les relations suivantes :*

$$d_n = \sum_{\substack{i_1 + \cdots + i_k = n \\ avec \ i_j \ pair \ \geq 2}} (-2)^k \binom{n}{i_1, \ldots, i_k}, \ pour \ n \geq 1. \tag{3.11}$$

De plus, $(d_n)_{n \geq 0}$ satisfait la formule de récurrence :

$$d_{2n} = -2 \sum_{j=1}^{n} \binom{2n}{2j} d_{2n-2j}, \ pour \ n \geq 1. \tag{3.12}$$

Démonstration. Considérons la mesure $\gamma_{1,1} = \delta_1 + \delta_{-1} - \delta_0$ et notons simplement $(m_n)_{n \geq 0}$ la suite de ses moments. On a $m_0 = \gamma_{1,1}(\mathbb{Z}_p) = (\delta_1 + \delta_{-1} - \delta_0)(\mathbb{Z}_p) = 1$ et pour $n \geq 1$:

$$m_n = \int_{\mathbb{Z}_p} t^n d\gamma_{1,1}(t) = 1 + (-1)^n = \left\{ \begin{array}{ll} 2, & \text{si } n \text{ est pair;} \\ 0, & \text{sinon.} \end{array} \right. .$$

L'inverse de $\gamma_{1,1}$ étant la mesure $\mu^\star$ dont $(d_n)_{n \geq 0}$ est la suite des moments, on obtient (3.11) en appliquant le Corollaire 3.1.8 pour la mesure $\mu = \gamma_{1,1} = \delta_1 + \delta_{-1} - \delta_0$.

D'autre part, on a :

$$1 = (2\,\text{ch}\,z - 1) \times \frac{1}{2\,\text{ch}\,z - 1} = \left[1 + \sum_{n \geq 0} \beta_{2n} \frac{z^{2n}}{(2n)!} \right] \times \sum_{n \geq 0} d_{2n} \frac{z^{2n}}{(2n)!},$$

où $\beta_0 = 0$ et $\beta_{2n} = 2$ si $n \geq 1$. Par conséquent, on a :

$$1 = \sum_{n \geq 0} d_{2n} \frac{z^{2n}}{(2n)!} + \sum_{n \geq 0} \left[\sum_{j+k=n} \binom{2n}{2j} \beta_{2j} d_{2k} \right] \frac{z^{2n}}{(2n)!}.$$

Ainsi, pour $n \geq 1$, on a :

$$d_{2n} + 2 \sum_{j=1}^{n} \binom{2n}{2j} d_{2n-2j} = 0 \quad \Longrightarrow \quad d_{2n} = -2 \sum_{j=1}^{n} \binom{2n}{2j} d_{2n-2j}.$$

$\square$

De la relation (3.12), on déduit que les nombres d_{2n}, $n \geq 1$, sont des entiers pairs. Le résultat suivant donne à cet effet plus de précision.

Corollaire 3.2.7. *La suite d'entiers $(d_n)_{n \geq 0}$ satisfait aux congruences suivantes:*

$$d_{2n} \equiv -2 \pmod 8, \text{pour } n \geq 1.$$

Démonstration. Il résulte de la Proposition 3.2.6, lorsque $n \geq 1$, que

$$\begin{aligned} d_{2n} &= \sum_{k=1}^{2n} (-2)^k \sum_{i_1 + \cdots + i_k = n} \binom{2n}{2i_1, \ldots, 2i_k} \\ &= -2 + 4 \sum_{j=0}^{n} \binom{2n}{2j} - 8 \sum_{k=3}^{2n} (-2)^{k-3} \sum_{i_1 + \cdots + i_k = n} \binom{2n}{2i_1, \ldots, 2i_k} \end{aligned}$$

Si m est un entier ≥ 1, on a $(1+x)^{2m} = \displaystyle\sum_{j=0}^{2m} \binom{2m}{j} x^j = \sum_{j=0}^{m} \binom{2m}{2j} x^{2j} + \sum_{j=1}^{m} \binom{2m}{2j-1} x^{2j-1}$.

Posant successivement $x = 1$, puis $x = -1$, on obtient les équations suivantes :

$$\sum_{j=0}^{m} \binom{2m}{2j} + \sum_{j=1}^{m} \binom{2m}{2j-1} = 2^{2m}$$

$$\sum_{j=0}^{m} \binom{2m}{2j} - \sum_{j=1}^{m} \binom{2m}{2j-1} = 0.$$

D'où l'on déduit que $\displaystyle\sum_{j=0}^{m} \binom{2m}{2j} = \sum_{j=1}^{m} \binom{2m}{2j-1} = 2^{2m-1}$, lorsque m est un entier ≥ 1.

Dans ce cas :

$$d_{2n} = -2 + 2^{2n+1} - 8\sum_{k=3}^{2n} (-2)^{k-3} \sum_{i_1+\cdots+i_k=n} \binom{2n}{2i_1,\ldots,2i_k} \equiv -2 \pmod 8, \text{ si } n \geq 1,$$

puisque $2^{2n+1} = 2^3 \times 2^{2(n-1)} \equiv 0 \pmod 8$. $\qquad\qquad\square$

Remarque 3.2.2. Du Lemme 3.2.5-(3.10) et du Corollaire 3.2.7, on obtient

$$2E_{2n} \equiv -4 + 2\sum_{j=0}^{n-1} \binom{2n}{2j} E_{2j} \pmod 8, \text{ pour } n \geq 1.$$

Puisque $E_{2n} = -\displaystyle\sum_{j=0}^{n-1} \binom{2n}{2j} E_{2j}$, on obtient $4E_{2n} \equiv -4 \pmod 8$ soit $E_{2n} \equiv -1 \pmod 2$,

pour $n \geq 1$. Comme $E_0 = 1$, on déduit que tous les nombres d'Euler d'indices pairs sont des entiers impairs ; étant entendu que les nombres d'Euler de rang impair sont nuls.

Théorème 3.2.8. *Soit p un nombre premier quelconque.*
La suite $(d_n)_{n\geq 0}$ satisfait aux congruences suivantes :

$$d_{rp^k+s} \equiv d_{rp^{k-1}+s} \pmod{p^k}, \qquad\qquad (3.13)$$

où r, k et s sont des entiers tels que $(r, p) = 1$, $k \geq 1$ et $s \geq 0$.
En outre, $(d_n)_{n\geq 0}$ est liée aux nombres de Stirling de deuxième espèce par :

$$d_n = \sum_{k=0}^{n} k! h_k S(n, k), \qquad\qquad (3.14)$$

où $(h_n)_{n\geq 0}$ est une suite périodique, de période égale à 3 telle que $h_0 = 1$, $h_1 = 0$ et $h_2 = -1$.

Démonstration. La mesure $\mu^\star$ est de norme égale à 1, car elle est l'inverse de la mesure $\gamma_{1,1}$ (pour tout nombre premier p) qui est de norme égale à 1 (voir la démonstration du Corollaire 1.1.4). En appliquant le Lemme 2.1.1, on obtient que sa suite de moments $(d_n)_{n\geq 0}$ vérifie (3.13) c'est-à-dire

$$d_{rp^k+s} \equiv d_{rp^{k-1}+s} \pmod{p^k},$$

où r, k et s sont des entiers tels que $(r, p) = 1$, $k \geq 1$ et $s \geq 0$.

D'autre part, les mesures $\delta_0-\omega$ et $\delta_0+\omega$ étant inversibles (car $\|\delta_0 - \omega\| = |\langle \delta_0 - \omega, Q_0 \rangle| = 1$ et $\|\delta_0 + \omega\| = |\langle \delta_0 + \omega, Q_0 \rangle| = 1$), on a :

$$
\begin{aligned}
\delta_1 + \delta_{-1} - \delta_0 &= \omega + \delta_1^{-1} = \delta_1^{-1} \star (\delta_1 \star \omega + \delta_0) = (\delta_0 + \omega)^{-1} \star (\delta_0 + \omega + \omega^2) \\
&= \left[(\delta_0 + \omega)^{-1} \star (\delta_0 - \omega)^{-1} \right] \star \left[(\delta_0 - \omega) \star (\delta_0 + \omega + \omega^2) \right] \\
&= (\delta_0 - \omega^2)^{-1} \star (\delta_0 - \omega^3).
\end{aligned}
$$

Ainsi, puisque $\mu^\star = (\delta_1 + \delta_{-1} - \delta_0)^{-1} = (\delta_0 - \omega^2) \star (\delta_0 - \omega^3)^{-1}$, on obtient :

$$\mu^\star = (\delta_0 - \omega^3)^{-1} - \omega^2 \star (\delta_0 - \omega^3)^{-1} = \sum_{n\geq 0} \omega^{3n} - \sum_{n\geq 0} \omega^{3n+2} = \sum_{n\geq 0} h_n \omega^n,$$

avec $h_{3n} = 1$, $h_{3n+1} = 0$ et $h_{3n+2} = -1$, pour tout $n \geq 0$. Dans ce cas, la transformation de Laplace de la mesure $\mu^\star$ est donnée par :

$$\mathcal{L}_p\left(\mu^\star\right)(z) = \sum_{k\geq 0} h_k (e^z - 1)^k = \sum_{k\geq 0} k! h_k \sum_{n\geq k} S(n, k) \frac{z^n}{n!} = \sum_{n\geq 0} \left[\sum_{k=0}^{n} k! h_k S(n, k) \right] \frac{z^n}{n!}.$$

D'où, par identification on obtient (3.14). $\qquad\square$

Remarque 3.2.3. Les polynômes de Tchebycheff de deuxième espèce, notés $U_n(x)$, $n \geq 0$, sont définis par la série $\dfrac{1}{1 - 2xt + t^2} = \sum_{n\geq 0} U_n(x) t^n$. Ainsi, écrivant la mesure $\mu^\star = (\delta_1 + \delta_{-1} - \delta_0)^{-1}$ sous la forme $\mu^\star = (\delta_0 + \omega) \star (\delta_0 + \omega + \omega^2)^{-1} = (\delta_0 + \omega) \star \sum_{n\geq 0} U_n\left(\dfrac{-1}{2}\right) \omega^n = \sum_{n\geq 0} h_n \omega^n$, on voit que la suite $(h_n)_{n\geq 0}$ est donnée par :

$$h_0 = U_0\left(\frac{-1}{2}\right) = 1, \quad h_n = U_n\left(\frac{-1}{2}\right) + U_{n-1}\left(\frac{-1}{2}\right) \text{ pour } n \geq 1.$$

En utilisant la relation (3.10), nous donnons maintenant des congruences modulo les puissances de 2 concernant les nombres d'Euler.

Lemme 3.2.9. *Soit m un entier ≥ 2 fixé. Si k est un entier ≥ 0 tel que $m - 1 \leq 2^k$ alors pour tout entier n tel que $2n \equiv 2m \pmod{2^{2k}}$, on a*

$$\sum_{j=1}^{m-1} \binom{2n}{2j} E_{2j} d_{2n-2j} \equiv \sum_{j=1}^{m-1} \binom{2m}{2j} E_{2j} d_{2m-2j} \pmod{2^{k+1}}. \tag{3.15}$$

Démonstration. Soient m un entier ≥ 2 fixé, k et n deux entiers tels que $m - 1 \leq 2^k$ et $n \equiv m \pmod{2^{2k}}$. Il existe alors un entier $q \geq 0$ tel que $2n = 2m + 2^{2k}q$ (en supposant que $n \geq m$). Dans ce cas, si $1 \leq j \leq m - 1$, on a la relation suivante :

$$\binom{2n}{2j} = \binom{2m + 2^{2k}q}{2j} = \sum_{r=0}^{2j} \binom{2m}{2j-r}\binom{2^{2k}q}{r} = \binom{2m}{2j} + \sum_{r=1}^{2j} \binom{2m}{2j-r}\binom{2^{2k}q}{r},$$

laquelle implique que

$$\sum_{j=1}^{m-1} \binom{2n}{2j} E_{2j} d_{2n-2j} = \sum_{j=1}^{m-1} \binom{2m}{2j} E_{2j} d_{2n-2j} + \sum_{j=1}^{m-1}\left[\sum_{r=1}^{2j} \binom{2m}{2j-r}\binom{2^{2k}q}{r}\right] E_{2j} d_{2n-2j}.$$

Par conséquent, on a :

$$\begin{aligned}
\sum_{j=1}^{m-1} \binom{2n}{2j} E_{2j} d_{2n-2j} - \sum_{j=1}^{m-1} \binom{2m}{2j} E_{2j} d_{2m-2j} &= \sum_{j=1}^{m-1} \binom{2m}{2j} E_{2j}\left(d_{2n-2j} - d_{2m-2j}\right) \\
&+ \sum_{j=1}^{m-1}\left[\sum_{r=1}^{2j} \binom{2m}{2j-r}\binom{2^{2k}q}{r}\right] E_{2j} d_{2n-2j}.
\end{aligned}$$

Dans la suite de cette démonstration les valeurs absolues sont les valeurs absolues 2-adiques.

Pour $1 \leq j \leq 2^{2k}q - 1$, on a $\binom{2^{2k}q}{j} = \dfrac{2^{2k}q}{j}\binom{2^{2k}q - 1}{j - 1} \implies \left|\binom{2^{2k}q}{j}\right| \leq \dfrac{2^{-2k}}{|j|}$. De plus, si $m - 1 \leq 2^k$, on a $\dfrac{1}{|r|} \leq |2|^k$, pour tout r tel que $1 \leq r \leq m - 1$. Ainsi, puisque $|E_{2j}| \leq 1$ pour $j \geq 0$ et $|d_{2j}| = |2|$ pour $j \geq 1$ (Corollaire 3.2.7), on a :

$$\begin{aligned}
\left|\sum_{j=1}^{m-1}\left[\sum_{r=1}^{2j} \binom{2m}{2j-r}\binom{2^{2k}q}{r}\right] E_{2j} d_{2n-2j}\right| &\leq \max_{\substack{1\leq r\leq j\leq m-1 \\ 1\leq r\leq 2j}} \left|\binom{2m}{2j-r}\right|\left|\binom{2^{2k}q}{r}\right| |E_{2j}||d_{2n-2j}| \\
&\leq \max_{\substack{1\leq r\leq j\leq m-1 \\ 1\leq r\leq 2j}} \frac{2^{-2k}}{|r|} \times 2^{-1} \leq 2^{-k-1}.
\end{aligned}$$

Ceci achève la démonstration de (3.15) puisque $d_{2n-2j} \equiv d_{2m-2j} \pmod{2^{k+1}}$ pour $1 \leq j \leq m - 1$. $\qquad\square$

Proposition 3.2.10. *Soit m un entier ≥ 2 fixé. Si k est un entier ≥ 1 tel que $m-1 \leq 2^k$ alors pour tout entier n tel que $2n \equiv 2m \pmod{2^{2k}}$, on a*

$$2(E_{2n} - E_{2m}) + \sum_{j=m}^{n-1} \binom{2n}{2j} E_{2j} d_{2n-2j} \equiv 0 \pmod{2^{k+1}}. \tag{3.16}$$

Démonstration. Soient n et m deux entiers tels que $2 \leq m \leq n-1$; du Lemme 3.2.5 on a

$$\begin{aligned}
2(E_{2n} - E_{2m}) &= (d_{2n} - d_{2m}) - \sum_{j=1}^{n-1} \binom{2n}{2j} E_{2j} d_{2n-2j} + \sum_{j=1}^{m-1} \binom{2m}{2j} E_{2j} d_{2m-2j} \\
&= (d_{2n} - d_{2m}) - \sum_{j=m}^{n-1} \binom{2n}{2j} E_{2j} d_{2n-2j} \\
&\quad - \left[\sum_{j=1}^{m-1} \binom{2n}{2j} E_{2j} d_{2n-2j} - \sum_{j=1}^{m-1} \binom{2m}{2j} E_{2j} d_{2m-2j} \right].
\end{aligned}$$

On obtient ainsi la relation (3.16), en observant que $d_{2n} \equiv d_{2m} \pmod{2^{k+1}}$ (Théorème 3.2.8) et $\sum_{j=1}^{m-1} \binom{2n}{2j} E_{2j} d_{2n-2j} \equiv \sum_{j=1}^{m-1} \binom{2m}{2j} E_{2j} d_{2m-2j} \pmod{2^{k+1}}$ (Lemme 3.2.9), lorsque $p = 2$, et m et n sont deux entiers ≥ 2 satisfaisant la relation $2n \equiv 2m \pmod{2^{2k}}$, avec $k \geq 1$. $\qquad \square$

3.2.1.3   Les nombres de Salié.

Les nombres de Salié (cf. par exemple [4]), notés S_n, $n \geq 0$, sont définis par la série génératrice exponentielle :

$$\frac{\operatorname{ch} z}{\cos z} = \sum_{n \geq 0} S_n \frac{z^n}{n!}. \tag{3.17}$$

En multipliant les deux membres de (3.17) par $\cos z = \sum_{n=0}^{+\infty} (-1)^n \frac{z^{2n}}{(2n)!}$, on obtient la formule de récurrence suivante :

$$\sum_{\substack{k=0 \\ 2|k}}^{n} (-1)^{\frac{k}{2}} \binom{n}{k} S_{n-k} = \frac{1 + (-1)^n}{2}, \ n \geq 0,$$

laquelle implique que les nombres de Salié sont tous des entiers et aussi que $S_{2n+1} = 0$, pour $n \geq 0$.

Théorème 3.2.11. *Les nombres de Salié vérifient les congruences ci-après :*

$$S_{rp^k+m} \equiv S_{rp^{k-1}+m} \pmod{p^k},\tag{3.18}$$

lorsque $p \equiv 1 \pmod 4$, où k, r et m sont des entiers tels que $k \geq 1$, $(r, p) = 1$ et $m \geq 0$. De plus, ils sont liés aux nombres d'Euler par la relation suivante :

$$S_{2n} = \sum_{j=0}^{n} (-1)^{n-j} \binom{2n}{2j} E_{2n-2j}, \ n \geq 0.\tag{3.19}$$

Démonstration. Supposons que $p \equiv 1 \pmod 4$ et notons i et $-i$ les racines carrées de -1 dans $\mathbb{Q}_p$. Rappelons que $\mathcal{L}_p(\delta_i + \delta_{-i})(z) = 2\cos z$ et que $\delta_i + \delta_{-i}$ est inversible car $p \neq 2$ (Corollaire 1.1.4). Dans ce cas, notant $(\delta_i + \delta_{-i})^{-1}$ l'inverse de la mesure $\delta_i + \delta_{-i}$, on a :

$$\begin{aligned}
\mathcal{L}_p\left((\delta_1 + \delta_{-1}) \star (\delta_i + \delta_{-i})^{-1}\right)(z) &= \mathcal{L}_p(\delta_1 + \delta_{-1})(z)\mathcal{L}_p((\delta_i + \delta_{-i})^{-1})(z)\\
&= \mathcal{L}_p(\delta_1 + \delta_{-1})(z)\left[\mathcal{L}_p(\delta_i + \delta_{-i})(z)\right]^{-1}\\
&= \frac{\operatorname{ch} z}{\cos z}.
\end{aligned}$$

Ainsi, le moment d'ordre n de la mesure $(\delta_1 + \delta_{-1}) \star (\delta_i + \delta_{-i})^{-1}$ est S_n, le n-ième nombre de Salié.

Pour tout nombre premier p, on a $\|\delta_a + \delta_{-a}\| = 1$ lorsque $a \in \mathbb{Z}_p - \{0\}$ (voir la démonstration du Corollaire 1.1.4). Par conséquent

$$\left\|(\delta_1 + \delta_{-1}) \star (\delta_i + \delta_{-i})^{-1}\right\| = \|\delta_1 + \delta_{-1}\| \left\|(\delta_i + \delta_{-i})^{-1}\right\| = 1.$$

La suite $(S_n)_n$ vérifie donc la relation (3.18) en vertu du Lemme 2.1.1.

Signalons que (3.18) n'est intéressante que si r et m sont de même parité ; sinon, on aurait la tautologie $0 \equiv 0 \pmod{p^k}$.

D'autre part, puisque les nombres d'Euler d'indices impairs sont nuls et que $\dfrac{1}{\cos z} =$

$$\frac{1}{\operatorname{ch}(iz)} = \sum_{n\geq 0} E_n \frac{(iz)^n}{n!} = \sum_{n\geq 0} i^{2n} E_{2n} \frac{z^{2n}}{(2n)!} = \sum_{n\geq 0} (-1)^n E_{2n} \frac{z^{2n}}{(2n)!} \text{ pour } z \in \mathcal{E}_p, \text{ on a :}$$

$$\frac{\operatorname{ch} z}{\cos z} = \sum_{j\geq 0} \frac{z^{2j}}{(2j)!} \times \sum_{k\geq 0} (-1)^k E_{2k} \frac{z^{2k}}{(2k)!} = \sum_{n\geq 0} \left[\sum_{j+k=n} (-1)^k \binom{2n}{2j} E_{2k}\right] \frac{z^{2n}}{(2n)!}.$$

D'où, par identification on obtient (3.19).

De plus cette relation montre à nouveau que les nombres de Salié d'indices pairs sont des entiers. $\qquad\square$

Question : Les congruences (3.18) concernant les nombres de Salié sont-elles valables lorsque p est un nombre premier tel que $p \not\equiv 1 \pmod 4$?

3.2.1.4   Les nombres de Stirling de deuxième espèce.

Soit n un entier ≥ 0 fixé.

Les nombres de Stirling de deuxième espèce sont notés par $S(n,\,j)$, notation que nous utiliserons dans la suite, souvent par $S_n^{(j)}$ ou encore par $\left\{ \begin{matrix} n \\ j \end{matrix} \right\}$.

Le nombre $S(n,\,k)$, pour $n \geq 1$ et $k \in \{1,\,2,\,\dots,\,n\}$ fixés, est le nombre de k-partition(s) d'un ensemble de n éléments (cf. par exemple [4, 12]). Ainsi $S(n,\,k) > 0$ pour $1 \leq k \leq n$ et $S(n,\,k) = 0$ si $1 \leq n < k$.

Par convention, on pose $S(0,\,0) = 1$ et $S(0,\,k) = 0$ pour $k \geq 1$ et $S(n,\,0) = 0$ pour $n \geq 1$.

Posons $(t)_0 = 1$ et $(t)_j = j! Q_j(t) = t(t-1)\dots(t-j+1)$ pour $j \geq 1$.

Les nombres de Stirling de deuxième espèce sont définis par la fonction génératrice suivante, appelée souvent fonction génératrice "horizontale" :

$$t^n = \sum_{j=0}^{n} S(n,\,j)(t)_j.$$

La famille $(S(k,\,j))_{0 \leq k,j \leq n}$ est la matrice de passage de la base $(t^j)_{0 \leq j \leq n}$ à la base $((t)_j)_{0 \leq j \leq n}$ dans l'espace vectoriel $\mathcal{P}_n$ de dimension $n+1$ formé des polynômes de degrés $\leq n$. Signalons que dans l'espace $\mathcal{P}_n$ la matrice de passage de la base $((t)_j)_{0 \leq j \leq n}$ à la base $(t^j)_{0 \leq j \leq n}$ est donnée par $(s(k,\,j))_{0 \leq k,j \leq n}$ les nombres de Stirling de première espèce. Ces matrices obtenues en passant d'une base à l'autre entre $(t^j)_{0 \leq j \leq n}$ et $((t)_j)_{0 \leq j \leq n}$ sont inverses l'une de l'autre.

Les nombres de Stirling de deuxième espèce ont fait l'objet de plusieurs études en théorie des nombres et en analyse combinatoire (cf. par exemple [4, 12, 31, 35]). Ils sont définis aussi par la fonction génératrice exponentielle suivante, appelée souvent fonction génératrice verticale, qui est intimement liée à la transformation de Laplace de la mesure $\omega^j = (\delta_1 - \delta_0)^j$, où j est un entier fixé ≥ 0 :

$$\frac{(e^z - 1)^j}{j!} = \sum_{n \geq 0} S(n,\,j)\frac{z^n}{n!}. \tag{3.20}$$

Dans (3.20), on peut prendre $n \geq j$ à la place de $n \geq 0$ car $S(n,\,j) = 0$ lorsque $n < j$.

L. Comtet utilise dans [4] des méthodes combinatoires pour démontrer (3.21a) qui est une relation bien connue. Ici, nous proposons une nouvelle démarche utilisant les moments de la mesure ω^j, où j est un entier fixé ≥ 0.

Proposition 3.2.12. *Les nombres de Stirling de deuxième espèce sont donnés par les* *expressions suivantes*:

$$S(n,\, j) \;=\; \frac{(-1)^j}{j!} \sum_{r=0}^{j} (-1)^r \binom{j}{r} r^n, \; pour \; 0 \le j \le n \qquad (3.21a)$$

$$S(n,\, j) \;=\; \frac{1}{j} \sum_{k=j-1}^{n-1} \binom{n}{k} S(k,\, j-1), \; pour \; 1 \le j \le n. \qquad (3.21b)$$

Démonstration. Soit j un entier fixé ≥ 0. Si $j = 0$, la relation (3.21a) est triviale. Supposons maintenant que $j \ge 1$.

• On rappelle que la transformation de Laplace de la mesure $\omega = \delta_1 - \delta_0$ est $\mathcal{L}_p(\omega)(z) = e^z - 1$. Par conséquent celle de la mesure ω^j est donnée par :

$$\mathcal{L}_p(\omega^j)(z) = \mathcal{L}_p(\omega)(z)^j = (e^z - 1)^j = j! \sum_{n \ge 0} S(n,\, j) \frac{z^n}{n!}.$$

D'où, le moment d'ordre n de ω^j est $m_{n,\omega^j} = j! S(n,\, j)$. Mais, pour $z \in \mathcal{E}_p$, on a :

$$(e^z - 1)^j = \sum_{r=0}^{j} (-1)^{j-r} \binom{j}{r} e^{rz} = \sum_{r=0}^{j} (-1)^{j-r} \binom{j}{r} \sum_{n \ge 0} r^n \frac{z^n}{n!} = \sum_{n \ge 0} \left[\sum_{r=0}^{j} (-1)^{j-r} \binom{j}{r} r^n \right] \frac{z^n}{n!}.$$

Ainsi, on obtient (3.21a) en remarquant que $j! S(n,\, j) = m_{n,\omega^j} = \sum_{r=0}^{j} (-1)^{j-r} \binom{j}{r} r^n$.

En particulier, puisque $S(n,n) = 1$, on a $n! = (-1)^n \sum_{r=0}^{n} (-1)^r r^n \binom{n}{r} = \sum_{r=0}^{n} (-1)^{n-r} r^n \binom{n}{r}$.

• Soit j un entier ≥ 1; comme $\delta_1 \star \omega^{j-1} = (\omega + \delta_0) \star \omega^{j-1} = \omega^j + \omega^{j-1}$, on a :

$$\mathcal{L}_p(\delta_1 \star \omega^{j-1})(z) = (e^z - 1)^j + (e^z - 1)^{j-1} = j! \sum_{n \ge 0} S(n,\, j) \frac{z^n}{n!} + (j-1)! \sum_{n \ge 0} S(n,\, j-1) \frac{z^n}{n!}.$$

Ainsi, le moment d'ordre n de la mesure $\delta_1 \star \omega^{j-1}$ est donné par :

$$m_{n,\delta_1 \star \omega^{j-1}} = j! S(n,\, j) + (j-1)! S(n,\, j-1).$$

Mais, en appliquant le Corollaire 3.1.2 pour $k = 2$, $\mu_1 = \delta_1$ et $\mu_2 = \omega^{j-1}$, on obtient :

$$m_{n,\delta_1 \star \omega^{j-1}} = \sum_{r+q=n} \binom{n}{r} m_{r,\delta_1} m_{q,\omega^{j-1}} = (j-1)! \sum_{r+q=n} \binom{n}{r} S(q,j-1).$$

Par identification, on voit que

$$j S(n,\, j) + S(n,\, j-1) = \sum_{r+q=n} \binom{n}{r} S(q,j-1) = S(n,\, j-1) + \sum_{q=0}^{n-1} \binom{n}{n-q} S(q,j-1).$$

D'où, en remarquant que $\binom{n}{n-q} = \binom{n}{q}$ et que $S(q,\, j-1) = 0$ lorsque $q < j-1$, on obtient (3.21b). $\square$

Nous allons également retrouver à l'aide de la transformation de Laplace p-adique une autre relation que l'on rencontre fréquemment en analyse combinatoire.

Proposition 3.2.13. *Soit k un entier ≥ 1 et soient n, $j_1, \ldots, k_k$ des entiers ≥ 0 tels que $0 \leq j_1 + \cdots + j_k \leq n$; on a :*

$$S(n,\, j_1 + \cdots + j_k) = \frac{j_1! \ldots j_k!}{(j_1 + \cdots + j_k)!} \sum_{i_1 + \cdots + i_k = n} \binom{n}{i_1, \ldots, i_k} S(i_1,\, j_1) \ldots S(i_k,\, j_k). \quad (3.22)$$

Démonstration. Rappelons que, le moment d'ordre n de la mesure ω^k est égal à $m_{n,\omega^k} = k! S(n,\, k)$. En appliquant le Corollaire 3.1.2 pour $\mu_1 = \omega^{j_1}, \ldots, \mu_k = \omega^{j_k}$, on obtient :

$$m_{n,\omega^{j_1 + \cdots + j_k}} = \sum_{i_1 + \cdots + i_k = n} \binom{n}{i_1, \ldots, i_k} m_{i_1,\omega^{j_1}} m_{i_k,\omega^{j_k}}$$

$$(j_1 + \cdots + j_k)! S(n, j_1 + \cdots + j_k) = \sum_{i_1 + \cdots + i_k = n} \binom{n}{i_1, \ldots, i_k} j_1! S(i_1,\, j_1) \ldots j_k! S(i_k,\, j_k),$$

et la relation (3.22) s'ensuit immédiatement.

En particulier si $j_1 = \cdots = j_k = 1$ on obtient $S(n,\, k) = \dfrac{1}{k!} \displaystyle\sum_{i_1 + \cdots + i_k = n} \binom{n}{i_1, \ldots, i_k}$. $\square$

Théorème 3.2.14. *Les nombres de Stirling de deuxième espèce $S(n,\, j)$ satisfont aux congruences suivantes :*

$$S(rp^k + q,\, j) \equiv S(rp^{k-1} + q,\, j) \quad (\mathrm{mod}\ p^{k+v_p(j!)}), \qquad (3.23)$$

lorsque $0 \leq j \leq rp^{k-1} + q$, où k, r et q sont des entiers tels que $k \geq 1$, $(r, p) = 1$ et $q \geq 0$.

Démonstration. Rappelons que pour l'entier j fixé, les nombres de Stirling de deuxième espèce $S(n,\, j)$ sont les moments de la mesure $\dfrac{\omega^j}{j!}$.

Puisque $\left\| \dfrac{\omega^j}{j!} \right\| = \dfrac{\|\omega\|^j}{|j!|} = \dfrac{1}{|p|^{v_p(j!)}} = p^{v_p(j!)} = p^{\ell}$ avec $\ell = v_p(j!)$, on déduit de la relation (2.1) les congruences (3.23). $\square$

3.2.1.5 Nombres de Stirling de deuxième espèce généralisés attachés à un caractère.

Soit ℓ un entier ≥ 0 et soit $g : \mathbb{Z}_p \longrightarrow K$ une fonction $p^\ell \mathbb{Z}_p$-invariante, c'est-à-dire $g(s+t) = g(s)$, $\forall s \in \mathbb{Z}_p$, $\forall t \in p^\ell \mathbb{Z}_p$. Alors g est une fonction localement constante qui peut s'écrire sous la forme $g = \sum_{a=0}^{p^\ell - 1} g(a) \chi_{a+p^\ell \mathbb{Z}_p}$, où $\chi_{a+p^\ell \mathbb{Z}_p}$ est la fonction caractéristique de $a + p^\ell \mathbb{Z}_p$, $o \leq a \leq p^\ell - 1$. De plus g est continue pour la norme uniforme $\|g\|_\infty = \max_{0 \leq a \leq p^\ell - 1} |g(a)|$.

Dans la suite, on suppose que K contient le groupe des racines p^ℓ-ièmes de l'unité noté R_{p^ℓ}.
Pour $\zeta \in R_{p^\ell}$, on a $|\zeta - 1| < 1$. Ainsi, la fonction puissance $x \in \mathbb{Z}_p \longrightarrow \zeta^x = \sum_{n \geq 0} (\zeta - 1)^n \binom{x}{n} \in K$ est bien définie ; de plus, elle est $p^\ell \mathbb{Z}_p$-invariante.

On associe à g une application $h_g : R_{p^\ell} \longrightarrow K$ définie en posant $h_g(\zeta) = p^{-\ell} \sum_{a=0}^{p^\ell - 1} \zeta^{-a} g(a)$.

Lemme 3.2.15. *La fonction g s'écrit sous la forme* $g(x) = \sum_{\zeta \in R_{p^\ell}} h_g(\zeta) \zeta^x$.

Démonstration. Soit $a \in \mathbb{Z}_p$ et soit $f_a : \mathbb{Z}_p \longrightarrow K$ la fonction définie par $f_a(x) = \dfrac{1}{p^\ell} \sum_{\zeta \in R_{p^\ell}} \zeta^{x-a}$.

Si $x \in a + p^\ell \mathbb{Z}_p$, pour toute racine p^ℓ-ième de l'unité ζ, on a $\zeta^{x-a} = 1$. Ainsi $f_a(x) = \dfrac{1}{p^\ell} \sum_{\zeta \in R_{p^\ell}} 1 = 1$. Sinon, on a $x - a \notin p^\ell \mathbb{Z}_p$; considérant l'entier $b \neq a$, $0 \leq b \leq p^\ell - 1$ tel que $x - b \in p^\ell \mathbb{Z}_p$, on voit que l'entier $b - a \notin p^\ell \mathbb{Z}_p$ et l'on a $f_a(x) = \dfrac{1}{p^\ell} \sum_{\zeta \in R_{p^\ell}} \zeta^{b-a} = 0$. En d'autres termes, on a $f_a = \chi_{a+p^\ell \mathbb{Z}_p}$, la fonction caractéristique de $a + p^\ell \mathbb{Z}_p$

Si g est une fonction $p^\ell \mathbb{Z}_p$-invariante, on a $g(x) = \sum_{a=0}^{p^\ell - 1} g(a) \chi_{a+p^\ell \mathbb{Z}_p}(x) = \sum_{a=0}^{p^\ell - 1} g(a) f_a(x) = \sum_{a=0}^{p^\ell - 1} g(a) \dfrac{1}{p^\ell} \sum_{\zeta \in R_{p^\ell}} \zeta^{x-a} = \sum_{\zeta \in R_{p^\ell}} \left(\dfrac{1}{p^\ell} \sum_{a=0}^{p^\ell - 1} g(a) \zeta^{-a} \right) \zeta^x = \sum_{\zeta \in R_{p^\ell}} h_g(\zeta) \zeta^x$, où $h_g : R_{p^\ell} \longrightarrow K$ est une fonction associée à g et définie par $h_g(\zeta) = \dfrac{1}{p^\ell} \sum_{a=0}^{p^\ell - 1} \zeta^{-a} g(a)$. Autrement dit, la famille des fonctions $x \longrightarrow \zeta^x, \zeta \in R_{p^\ell}$ est une base de l'espace des fonctions $p^\ell \mathbb{Z}_p$-invariantes.   □

Dans toute la suite, on désignera par ψ une fonction $p^\ell \mathbb{Z}_p$-invariante et l'on pose
$$h_\psi(\zeta) = \frac{1}{p^\ell} \sum_{a=0}^{p^\ell - 1} \zeta^{-a} \psi(a), \text{ où } \zeta \in R_{p^\ell} \subset K.$$
Lorsque $\mu \in M(\mathbb{Z}_p, K)$, on définit la mesure $\psi\mu$ en posant $\langle \psi\mu, f \rangle = \langle \mu, \psi f \rangle$, pour $f \in \mathcal{C}(\mathbb{Z}_p, K)$.

Le Lemme suivant est un résultat connu (cf. par exemple [8, Corollaire 2] ou [22]) pour lequel nous ne donnerons pas de démonstration.

Lemme 3.2.16. *Soit* $g(x) = \displaystyle\sum_{\zeta \in R_{p^\ell}} h_g(\zeta)\zeta^x$ *une fonction invariante par les éléments de*

$p^\ell \mathbb{Z}_p$.

On a $g.\mu_S = \mu_T$, *où* $T(X) = \displaystyle\sum_{\zeta \in R_{p^\ell}} h_g(\zeta) S(\zeta - 1 + \zeta X)$, *avec* $h_g(\zeta) = \dfrac{1}{p^\ell} \displaystyle\sum_{a=0}^{p^\ell - 1} \zeta^{-a} g(a)$.

Soit j est un entier ≥ 0 fixé. Rappelons que le moment d'ordre n de la mesure ω^j est $m_{n,\omega^j} = j! S(n, j)$, où $S(n, j)$ sont les nombres de Stirling de deuxième espèce. Notons $j! S_\psi(n, j)$ le moment d'ordre n de la mesure $\psi\omega^j$ et appelons $S_\psi(n, j)$ *les nombres de Stirling de deuxième espèce généralisés* attachés à ψ. De la Proposition 3.1.1, il résulte que la transformation de Laplace de la mesure $\psi\omega^j$ est donnée par :

$$\mathcal{L}_p(\psi\omega^j)(z) = j! \sum_{n \geq 0} S_\psi(n, j) \frac{z^n}{n!}.$$

Lemme 3.2.17. *La série génératrice des nombres* $S_\psi(n, j)$ *est donnée par:*

$$\sum_{n \geq 0} S_\psi(n, j) \frac{z^n}{n!} = \sum_{\zeta \in R_{p^\ell}} h_\psi(\zeta) \frac{(\zeta e^z - 1)^j}{j!}, \tag{3.24}$$

avec $h_\psi(\zeta) = \dfrac{1}{p^\ell} \displaystyle\sum_{a=0}^{p^\ell - 1} \psi(a)\zeta^{-a}$, *où* ζ *est une racine* p^ℓ-*ième de l'unité contenue dans* K.

Démonstration. La série formelle à coefficients bornés $S_j(X) = X^j$ est la série associée à la mesure ω^j. Ainsi, du Lemme 3.2.16, on déduit que la série formelle à coefficients bornés $T_{\psi\omega^j}$ associée à la mesure $\psi\omega^j$ est définie par $T_{\psi\omega^j}(X) = \sum_{\zeta \in R_{p^\ell}} h_\psi(\zeta) S_j(X)$. La

transformation de Fourier $\mathcal{F}(\psi\omega^j)$ de la mesure $\psi\omega^j$ est donc définie par :

$$\mathcal{F}(\psi\omega^j)(y) = T_{\psi\omega^j}(y) = \sum_{\zeta \in R_{p^\ell}} h_\psi(\zeta) \left[(1+y)\zeta - 1\right]^j, \text{ pour } y \in D^-(0, 1).$$

De la Proposition 3.1.10-(3.3), on déduit que la série génératrice exponentielle des moments de $\psi\omega^j$ est égale à $\mathcal{F}_p(\psi\omega^j) \circ (e^z - 1) = \sum_{\zeta \in R_{p^\ell}} h_\psi(\zeta)(\zeta e^z - 1)^j$, où l'on rappelle que

$\mathcal{F}_p$ est la restriction à $\mathcal{E}_p$ de $\mathcal{F}$, et cette série est égale à $\mathcal{L}_p(\psi\omega^j)(z) = j! \sum_{n \geq 0} S_\psi(n, j) \dfrac{z^n}{n!}$

(Proposition 3.1.1). D'où l'on déduit la relation (3.24). $\qquad\square$

Dans la Proposition qui suit, utilisant la transformation de Laplace, nous donnons une expression des nombres de Stirling de deuxième espèce généralisés $S_\psi(n, j)$, $n \geq 0$, qui généralise celle donnée par la relation (3.21a) pour les nombres de Stirling de deuxième espèce $S(n, j)$, $n \geq 0$.

Proposition 3.2.18. *Les nombres $S_\psi(n, j)$ sont donnés par la formule suivante*

$$S_\psi(n, j) = \frac{(-1)^j}{j!} \sum_{k=0}^{j} (-1)^k \binom{j}{k} \psi(k) k^n. \tag{3.25}$$

Démonstration. Soit j un entier ≥ 0. Pour $\zeta \in R_{p^\ell}$ et $z \in \mathcal{E}_p$, on a :

$$(\zeta e^z - 1)^j = \sum_{k=0}^{j} (-1)^{j-k} \binom{j}{k} \zeta^k e^{kz} = \sum_{k=0}^{j} (-1)^{j-k} \binom{j}{k} \zeta^k \sum_{n \geq 0} k^n \frac{z^n}{n!}.$$

Donc la série génératrice exponentielle des nombres $S_\psi(n, j)$ est donnée par

$$
\begin{aligned}
\sum_{n \geq 0} S_\psi(n, j) \frac{z^n}{n!} &= \sum_{\zeta \in R_{p^\ell}} h_\psi(\zeta) \frac{(\zeta e^z - 1)^j}{j!} \\
&= \frac{1}{j!} \sum_{\zeta \in R_{p^\ell}} h_\psi(\zeta) \sum_{k=0}^{j} (-1)^{j-k} \binom{j}{k} \zeta^k \sum_{n \geq 0} k^n \frac{z^n}{n!} \\
&= \frac{(-1)^j}{j!} \sum_{n \geq 0} \left[\sum_{k=0}^{j} (-1)^k \binom{j}{k} \left[\sum_{\zeta \in R_{p^\ell}} h_\psi(\zeta) \zeta^k \right] k^n \right] \frac{z^n}{n!}.
\end{aligned}
$$

Puisque $\displaystyle\sum_{\zeta\in R_{p^\ell}} h_\psi(\zeta)\zeta^k = \psi(k)$ (Lemme 3.2.15), on obtient (3.25) par identification. $\qquad\square$

Remarque 3.2.4. Les nombres $S_\psi(n,\,j)$ sont tels que : $S_\psi(0,\,0) = \psi(0)$, $S_\psi(n,\,0) = 0$ lorsque $n \geq 1$.
Contrairement aux nombres de Stirling de deuxième espèce $S(n,\,j)$, les nombres $S_\psi(n,\,j)$ ne s'annule pas forcément lorsque $n < j$. Par exemple, utilisant (3.25) on obtient :

- $S_\psi(0,\,1) = \psi(1) - \psi(0)$;
- $S_\psi(1,\,3) = \dfrac{1}{2}\left[\psi(3) - 2\psi(2) + \psi(1)\right]$.

Dans la Proposition qui suit, nous donnons une autre écriture de la série génératrice exponentielle des nombres de Stirling de deuxième espèce généralisés. Nous donnons également une relation de récurrence liant les nombres $S_\psi(n,\,j)$, $n \geq 0$, à la famille $(S(n,\,m))_{0\leq m\leq j}$.

Proposition 3.2.19. *Soit j entier ≥ 1 fixé. La série génératrice des nombres de Stirling de deuxième espèce généralisés $S_\psi(n,\,j)$, $n \geq 0$, est donnée également par :*

$$\frac{(-1)^j}{j!} \sum_{\substack{r=0 \\ (r,\,p^\ell)=1}}^{j} (-1)^r \binom{j}{r}\psi(r)e^{rz} = \sum_{n\geq 0} S_\psi(n,\,j)\frac{z^n}{n!}. \tag{3.26}$$

De plus, les nombres généralisés $S_\psi(n,\,j)$ sont liés aux nombres de Stirling de deuxième espèce par la relation suivante :

$$S_\psi(n,\,j) = \sum_{\substack{0\leq m\leq r\leq j \\ (r,\,p^\ell)=1}} \frac{(-1)^{j-r}}{(j-r)!(r-m)!}\psi(r)S(n,\,m). \tag{3.27}$$

Démonstration. Soit j un entier ≥ 1 fixé.

D'abord, puisque $\omega = \delta_1 - \delta_0$, on a $\psi\omega^j = \psi(\delta_1-\delta_0)^j = (-1)^j\displaystyle\sum_{r=0}^{j}(-1)^r\binom{j}{r}(\psi\delta_r)$. Comme $\mathcal{L}_p$ est un homomorphisme continu d'algèbres de Banach, on a :

$$\mathcal{L}_p(\psi\omega^j)(z) = (-1)^j\sum_{r=0}^{j}(-1)^r\binom{j}{r}\mathcal{L}_p(\psi\delta_r)(z) = (-1)^j \sum_{\substack{r=0 \\ (r,\,p^\ell)=1}}^{j} (-1)^r\binom{j}{r}\psi(r)e^{rz}.$$

D'où l'on déduit (3.26) sachant que $\mathcal{L}_p(\psi\omega^j)(z) = j! \sum_{n\geq 0} S_\psi(n, j)\dfrac{z^n}{n!}$.

Signalons qu'en partant de (3.26) et tenant compte du développement $e^{rz} = \sum_{n\geq 0} r^n \dfrac{z^n}{n!}$,

lorsque r est un entier ≥ 0 et $z \in \mathcal{E}_p$, on retrouve (3.25).

D'autre part, puisque $e^{rz} = [(e^z - 1) + 1]^r = \sum_{m=0}^{r} \binom{r}{m}(e^z - 1)^m$, on a :

$$
\sum_{\substack{r=0 \\ (r,\,p^\ell)=1}}^{j} (-1)^r \binom{j}{r}\psi(r)e^{rz} = \sum_{\substack{r=0 \\ (r,\,p^\ell)=1}}^{j} \sum_{m=0}^{r}(-1)^r\psi(r)\binom{j}{r}\binom{r}{m}(e^z - 1)^m
$$

$$
= \sum_{\substack{r=0 \\ (r,\,p^\ell)=1}}^{j} \sum_{m=0}^{r}(-1)^r\psi(r)m!\binom{j}{r}\binom{r}{m}\sum_{n\geq m} S(n,\,m)\frac{z^n}{n!}
$$

$$
= \sum_{n\geq 0}\left[\sum_{\substack{0\leq m\leq r\leq j \\ (r,\,p^\ell)=1}}(-1)^r m!\binom{j}{r}\binom{r}{m}\psi(r)S(n,\,m)\right]\frac{z^n}{n!}.
$$

D'où $\dfrac{(-1)^j}{j!} \displaystyle\sum_{\substack{r=0 \\ (r,\,p^\ell)=1}}^{j} (-1)^r \binom{j}{r}\psi(r)e^{rz} = \sum_{n\geq 0}\left[\displaystyle\sum_{\substack{0\leq m\leq r\leq j \\ (r,\,p^\ell)=1}}\dfrac{(-1)^{j-r}}{(j-r)!(r-m)!}\psi(r)S(n,\,m)\right]\dfrac{z^n}{n!}$ et

l'on obtient (3.27) par identification ; en particulier pour $\psi = \psi_0 = 1$, on obtient $\ell = 0$ et

$$
S(n,\,j) = \sum_{0\leq m\leq r\leq j}\frac{(-1)^{j-r}}{(j-r)!(r-m)!}S(n,\,m). \qquad \square
$$

Remarque 3.2.5. Puisque $j!S_\psi(n,\,j) = m_{n,\psi\omega^j}$, les nombres de Stirling généralisés satisfont aux congruences :

$$
j!S_\psi(rp^k + s,\,j) \equiv j!S_\psi(rp^{k-1} + s,\,j) \pmod{p^{k+\ell_j(\psi)}},
$$

où $\ell_j(\psi) = \ell_j(\psi\omega^j)$ est la partie entière du nombre réel $-\log_p \|\psi\omega^j\|$, $\log_p$ désignant le logarithme de base p.

3.2.1.6   Les nombres de Fubini.

La mesure $\delta_0 - \omega$ est inversible d'inverse $(\delta_0 - \omega)^{-1} = \sum_{n\geq 0} \omega^n$, pour tout nombre premier p.

Lemme 3.2.20. *La transformation de Laplace de la mesure $(\delta_0 - \omega)^{-1}$ est donnée par :*

$$\mathcal{L}_p((\delta_0 - \omega)^{-1})(z) = \frac{1}{2 - e^z}. \tag{3.28}$$

Démonstration. La transformation de Laplace de la mesure $(\delta_0 - \omega)^{-1} = \sum_{n \geq 0} \omega^n$ est donnée par $\mathcal{L}_p\left((\delta_0 - w)^{-1}\right)(z) = \sum_{n \geq 0}(e^z - 1)^n$. Mais, pour $z \in \mathcal{E}_p$, on a $|z|p^{\frac{1}{p-1}} < 1$; ainsi, si $n \geq 2$, on a :

$$\left|\frac{z^n}{n!}\right| = |z|\frac{|z|^{n-1}}{|n!|} = |z|\left(|z|^{n-1}p^{\frac{n-s_p(n)}{p-1}}\right) \leq |z|\left(|z|p^{\frac{1}{p-1}}\right)^{n-1} < |z|.$$

Puisque $e^z - 1 = z + \sum_{n \geq 2}\frac{z^n}{n!}$ et $\left|\sum_{n \geq 2}\frac{z^n}{n!}\right| \leq \max_{n \geq 2}\frac{|z|^n}{|n!|} < |z|$, on a $|e^z - 1| = |z| < 1$ (cf. par exemple [7, 29]). D'où :

$$\mathcal{L}_p\left((\delta_0 - w)^{-1}\right)(z) = \sum_{n \geq 0}(e^z - 1)^n = \frac{1}{1 - (e^z - 1)} = \frac{1}{2 - e^z}.$$

$\square$

Notons que la fonction $z \longrightarrow \dfrac{1}{2 - e^z}$ admet le développement suivant sous forme de série :

$$\frac{1}{2 - e^z} = \sum_{n \geq 0} f_n \frac{z^n}{n!}. \tag{3.29}$$

Les nombres f_n, $n \geq 0$, sont parfois appelés les nombres de Fubini (cf. [32]). Ils admettent une interprétation en analyse combinatoire : les termes de la suite $(f_n)_{n \geq 0}$ comptent le nombre de rangements préférentiels ou partitions ordonnées d'un ensemble (cf. [2]). Les nombres de Fubini sont donc des entiers.

Les nombres de Fubini peuvent être obtenus par la relation de récurrence suivante (cf. par exemple [32]) qui est en fait une conséquence immédiate de la définition :

$$f_n = \sum_{j=0}^{n-1}\binom{n}{j}f_j. \tag{3.30}$$

Barsky a établi dans [2] la relation suivante pour ces nombres :

$$f_{n+(p-1)p^h} \equiv f_n \pmod{p^h}, \text{ pour } n \geq h. \tag{3.31}$$

Des relations (3.28) et (3.29), il résulte que $(f_n)_{n \geq 0}$ est la suite de moments de la mesure $(\delta_0 - \omega)^{-1}$ qui est telle que $\|(\delta_0 - \omega)^{-1}\| = 1$. En appliquant le Lemme 2.1.1, on obtient le résultat suivant :

Théorème 3.2.21. *Soit p un nombre premier quelconque. La suite $(f_n)_{n \geq 0}$ satisfait les congruences suivantes:*

$$f_{rp^k+s} \equiv f_{rp^{k-1}+s} \pmod{p^k}, \tag{3.32}$$

où r, k et s sont des entiers tels que $(r, p) = 1$, $k \geq 1$ et $s \geq 0$.

N.B 5. La relation (3.32) est plus fine que (3.31); en effet, posant $n = rp^{k-1} + s$, on obtient $rp^k + s = rp^{k-1}(p-1) + n$ et (3.32) s'écrit :

$$f_{rp^{k-1}(p-1)+n} \equiv f_n \pmod{p^k}.$$

Proposition 3.2.22. *Le terme général de la suite $(f_n)_{n \geq 0}$ est donné par :*

$$f_n = \sum_{j=0}^{n} j! S(n, j), \tag{3.33a}$$

$$f_n = \sum_{\substack{i_1 + \cdots + i_j = n \\ i_1, \ldots, i_j \geq 1}} \binom{n}{i_1, \ldots, i_j}. \tag{3.33b}$$

Démonstration. Comme la mesure $(\delta_0 - \omega)^{-1}$ se développe en série faiblement convergente sous la forme $(\delta_0 - \omega)^{-1} = \sum_{n \geq 0} w^n$, l'intégrale du n-ième polynôme binomial par rapport à la mesure $(\delta_0 - \omega)^{-1}$ est égale à $\langle (\delta_0 - \omega)^{-1}, Q_n \rangle = 1$. La relation (3.33a) s'obtient immédiatement par intégration de $t^n = \sum_{j=0}^{n} j! S(n, j) Q_j$ par rapport à la mesure $(\delta_0 - \omega)^{-1}$.

Le k-ième moment de la mesure $\delta_0 - \omega$ est égal à $m_{k, \delta_0 - \omega} = -1$ si k est un entier ≥ 1 et $m_{0, \delta_0 - \omega} = (2\delta_0 - \delta_1)(Q_0) = 1$. Ainsi on obtient (3.33b) en appliquant le Corollaire 3.1.8. $\square$

Comme pour les nombres de Bernoulli généralisés d'ordre q (cf. par exemple [4, page 227]), on définit des nombres $(f_n^{(q)})_n$ généralisés d'ordre q, que nous appelerons nombres de Fubini généralisés d'ordre q, en posant :

$$\left(\frac{1}{2 - e^z} \right)^q = \sum_{n \geq 0} f_n^{(q)} \frac{z^n}{n!}.$$

Ces nombres sont tels que $f_0^{(0)} = 1$, $f_n^{(0)} = 0$ pour $n \geq 1$ et $f_n^{(1)} = f_n$ lorsque $n \geq 1$. Pour la suite $(f_n^{(q)})_{n \geq 0}$, on a les résultats suivants :

Proposition 3.2.23. *Soient n et q deux entiers, respectivement tels que $n \geq 0$ et $q \geq 1$. On a:*

$$f_n^{(q)} = \sum_{j=0}^{n} j! \binom{j+q-1}{j} S(n, j), \tag{3.34a}$$

$$f_{rp^k+s}^{(q)} \equiv f_{rp^{k-1}+s}^{(q)} \pmod{p^k}, \tag{3.34b}$$

où p est un nombre premier quelconque, et r, k et s sont des entiers tels que $(r, p) = 1$, $k \geq 1$ et $s \geq 0$.

Démonstration. Posant $[(\delta_0 - \omega)^{-1}]^{\star q} = (\delta_0 - \omega)^{-q}$, pour q entier ≥ 1, on a :

$$\underbrace{\mathcal{L}_p\left((\delta_0 - \omega)^{-q}\right)(z) = \frac{1}{(2 - e^z)^q}}_{\text{d'après la relation (3.28)}} = \sum_{n \geq 0} f_n^{(q)} \frac{z^n}{n!}, \text{ pour } z \in \mathcal{E}_p.$$

Ainsi, $f_n^{(q)}$ est le moment d'ordre n de la mesure $(\delta_0 - \omega)^{-q}$; cette mesure se développe en série faiblement convergente sous la forme :

$$(\delta_0 - w)^{-q} = \sum_{n \geq 0} \binom{n+q-1}{n} w^n.$$

Le moment d'ordre n de $(\delta_0 - \omega)^{-q}$, $f_n^{(q)}$, est donc donné par :

$$f_n^{(q)} = \sum_{j \geq 0} \binom{j+q-1}{j} m_{n,\omega^j} = \sum_{j=0}^{n} j! \binom{j+q-1}{j} S(n, j).$$

En particulier, lorsque $q = 1$, on retrouve (3.33a).

De plus, puisque la mesure $(\delta_0 - \omega)^{-q}$ est telle que $\|(\delta_0 - \omega)^{-q}\| = \|(\delta_0 - \omega)^{-1}\|^q = 1$, en appliquant le Lemme 2.1.1, on voit que la suite $(f_n^{(q)})_n$ satisfait à la relation (3.34b). $\square$

Proposition 3.2.24. *Soient k et q des entiers tels que $k \geq 0$ et $q \geq 1$. Lorsque $p = 2$, on a :*

$$f_k^{(q)} = (-1)^{k+q} \sum_{n \geq 0} 2^n \binom{n+q-1}{n} (n+q)^k. \tag{3.35}$$

Démonstration. Soit q un entier ≥ 1.

Puisque $\omega = \delta_1 - \delta_0$, on a $(\delta_0 - \omega)^{-q} = (2\delta_0 - \delta_1)^{-q} = (-1)^q \delta_1^{-q} \star (\delta_0 - 2\delta_{-1})^{-q}$ et comme $\|2\delta_{-1}\| = 2^{-1}$ pour $p = 2$, on obtient le développement de la mesure $(\delta_0 - \omega)^{-q}$ en série de puissances de δ_{-1} :

$$(\delta_0 - \omega)^{-q} = (-1)^q \delta_{-1}^q \star \sum_{n \geq 0} (-1)^n 2^n \binom{-q}{n} \delta_{-1}^n = (-1)^q \sum_{n \geq 0} 2^n \binom{n+q-1}{n} \delta_{-1}^{n+q}.$$

Bien entendu que cette dernière série converge, car $\left\| (-1)^n 2^n \binom{n+q-1}{n} \delta_{-1}^{n+q} \right\| \leq 2^{-n}$

pour $p = 2$. Par conséquent, on a $\mathcal{L}_2((\delta_0 - \omega)^{-q})(z) = (-1)^q \sum_{n \geq 0} 2^n \binom{n+q-1}{n} e^{-(n+q)z}$,

pour $z \in E_2$. Comme $e^{-(n+q)z} = \sum_{k \geq 0} (-1)^k (n+q)^k \dfrac{z^k}{k!}$ pour $z \in E_2$, on a :

$$\mathcal{L}_2((\delta_0 - \omega)^{-q})(z) = (-1)^q \sum_{k \geq 0} \left[\sum_{n \geq 0} (-1)^k 2^n \binom{n+q-1}{n} (n+q)^k \right] \frac{z^k}{k!}.$$

D'où l'on déduit (3.35).

En particulier, lorsque $q = 1$, on obtient $f_n = \dfrac{(-1)^{n+1}}{2} \sum_{k \geq 1} 2^k k^n$.   □

Des Propositions 3.2.23 et 3.2.24, on obtient le résultat suivant :

Corollaire 3.2.25. *Soient k et q deux entiers tels que $k \geq 0$ et $q \geq 1$. Lorsque $p = 2$, on a :*

$$(-1)^{k+q} \sum_{n \geq 0} 2^n \binom{n+q-1}{n} (n+q)^k = \sum_{j=0}^{k} j! \binom{j+q-1}{j} S(k,\, j). \tag{3.36}$$

□

Comme pour les polynômes de Bernoulli et d'Euler (cf. par exemple [4, page 48]), ainsi que les polynômes de Bernoulli et d'Euler généralisés d'ordre q, nous pouvons définir des polynômes $f_n(t)$ et des polynômes $f_n^{(q)}(t)$ généralisés d'ordre q en posant :

$$\left(\frac{1}{2 - e^z} \right)^q e^{tz} = \sum_{n \geq 0} f_n^{(q)}(t) \frac{z^n}{n!}.$$

De cette définition, on obtient $f_n^{(q)}(0) = f_n^{(q)}$ et $f_n^{(q)}(t) = \sum\limits_{j+k=n} \binom{n}{j} f_k^{(q)} t^j$; en particulier, pour $q = 1$, on obtient $f_n(0) = f_n$ et :

$$f_n(t) = \sum_{j+k=n} \binom{n}{j} f_k t^j.$$

Pour $a \in \mathbb{Z}_p$, les nombres $f_n^{(q)}(a)$, $n \geq 0$, sont obtenus comme les moments des mesures $\delta_a \star (\delta_0 - \omega)^{-q}$ et satisfont les congruences (2.1). En particulier on retrouve (3.34b) pour $a = 0$.

Remarques 3.2.6. Les polynômes $f_n(t)$, $n \geq 0$, définis ci-dessus ne sont pas les polynômes de Fubini. Ceux-ci, notés $F_n(t)$, $n \geq 0$, sont définis par la série génératrice exponentielle suivante :

$$\frac{1}{1 - t(e^z - 1)} = \sum_{n \geq 0} F_n(t) \frac{z^n}{n!}.$$

Les polynômes de Fubini sont donnés par $F_n(t) = \sum\limits_{j=0}^{n} j! S(n, j) t^j$ qui est une conséquence immédiate de la définition, où les $S(n, j)$ sont les nombres de Stirling de deuxième espèce. Ces polynômes génèrent les nombres de Fubini par $f_n = F_n(1)$, $n \geq 0$. Signalons simplement que, lorsque t est un élément fixé de $\mathbb{Z}_p$, le polynôme $F_n(t)$ est obtenu comme le moment d'ordre n de la mesure $(\delta_0 - t\omega)^{-1}$.

Proposition 3.2.26. *Le polynôme* $f_n(t)$ *vérifie :*

$$f_n(1 + t) = 2f_n(t) - t^n. \tag{3.37}$$

De plus, on a la relation de récurrence suivante pour la suite des nombres de Fubini

$$f_n = \sum_{j=1}^{n} \binom{n}{j} f_{n-j}, \text{ si } n \geq 1.$$

Démonstration. Soit $t \in \mathbb{Z}_p$; pour $z \in \mathcal{E}_p$, on a :

$$\mathcal{L}_p(\delta_{1+t} \star (\delta_0 - \omega)^{-1})(z) = \mathcal{L}_p(\delta_{1+t})(z)\mathcal{L}_p((\delta_0 - \omega)^{-1})(z) = \frac{e^{(1+t)z}}{2 - e^z} = \sum_{n \geq 0} f_n(1 + t)\frac{z^n}{n!}.$$

Puisque $\delta_1 = 2\delta_0 - (\delta_0 - \omega)$, on a

$$\begin{aligned}\delta_{1+t} \star (\delta_0 - \omega)^{-1} = (\delta_t \star \delta_1) \star (\delta_0 - \omega)^{-1} &= [2\delta_t - \delta_t \star (\delta_0 - \omega)] \star (\delta_0 - \omega)^{-1} \\ &= 2\delta_t \star (\delta_0 - \omega)^{-1} - \delta_t.\end{aligned}$$

Ainsi, pour $z \in \mathcal{E}_p$:

$$
\begin{aligned}
\mathcal{L}_p(\delta_{1+t} \star (\delta_0 - \omega)^{-1})(z) &= 2\mathcal{L}_p(\delta_t \star (\delta_0 - \omega)^{-1})(z) - \mathcal{L}_p(\delta_t)(z) \\
&= 2\frac{e^{tz}}{2 - e^z} - e^{tz} \\
&= 2\sum_{n \geq 0} f_n(t)\frac{z^n}{n!} - \sum_{n \geq 0} t^n \frac{z^n}{n!} = \sum_{n \geq 0} [2f_n(t) - t^n]\frac{z^n}{n!}.
\end{aligned}
$$

et la relation (3.37) s'en déduit immédiatement. En particulier, pour $t = 0$, on obtient $f_n(1) = 2f_n$, laquelle implique que $f_n = \sum\limits_{j=1}^{n} \binom{n}{j} f_{n-j}$, si $n \geq 1$. On retrouve ainsi la formule (3.30), établie par V. Kurt et A. Dil dans [32]. $\qquad\square$

Proposition 3.2.27. *Soient q un entier ≥ 1 et a un entier p-adique fixé.*
La suite $(f_n^{(q)}(a))_n$ vérifie les congruences (2.1) c'est-à-dire :

$$
f_{rp^k+s}^{(q)}(a) \equiv f_{rp^{k-1}+s}^{(q)}(a) \pmod{p^k}, \tag{3.38}
$$

où r, k et s sont tels que $(r, p) = 1$, $k \geq 1$ et $s \geq 0$.
De plus, on a :

$$
f_n^{(q)}(1 + a) = 2f_n^{(q)}(a) - f_n^{(q-1)}(a) \tag{3.39a}
$$

$$
f_n^{(q)} = \sum_{j=1}^{n} \binom{n}{j} f_{n-j}^{(q)} + f_n^{(q-1)}. \tag{3.39b}
$$

Démonstration. Soient $a \in \mathbb{Z}_p$ fixé et q un entier ≥ 1.
Le nombre $f_n^{(q)}(a)$ est le n-ième moment de la mesure $\delta_a \star (\delta_0 - \omega)^{-q}$; donc, (3.38) se démontre de la même manière que (3.34b) en remplaçant simplement la mesure $(\delta_0 - \omega)^{-1}$ par $\delta_a \star (\delta_0 - \omega)^{-q}$.
D'autre part, on a :

$$
\mathcal{L}_p(\delta_{a+1} \star (\delta_0 - \omega)^{-q})(z) = \mathcal{L}_p(\delta_{a+1})(z)\mathcal{L}_p((\delta_0 - \omega)^{-q})(z) = \frac{e^{(1+a)z}}{(2 - e^z)^q} = \sum_{n \geq 0} f_n^{(q)}(1 + a)\frac{z^n}{n!}.
$$

Mais, puisque $\delta_{a+1} \star (\delta_0 - \omega)^{-q} = 2\delta_a \star (\delta_0 - \omega)^{-q} - \delta_a \star (\delta_0 - \omega)^{-q+1}$, on a :

$$
\begin{aligned}
\mathcal{L}_p(\delta_{a+1} \star (\delta_0 - \omega)^{-q})(z) &= 2\mathcal{L}_p(\delta_a \star (\delta_0 - \omega)^{-q})(z) - \mathcal{L}_p(\delta_a \star (\delta_0 - \omega)^{-q+1})(z) \\
&= \frac{2}{(2 - e^z)^q}e^{az} - \frac{e^{az}}{(2 - e^z)^{q-1}} \\
&= 2\sum_{n \geq 0} f_n^{(q)}(a)\frac{z^n}{n!} - \sum_{n \geq 0} f_n^{(q-1)}(a)\frac{z^n}{n!}.
\end{aligned}
$$

Donc le moment d'ordre n de la mesure $\delta_{a+1} \star (\delta_0 - \omega)^{-q}$ est égal à $2f_n^{(q)}(a) - f_n^{(q-1)}(a)$. Ainsi, on a l'égalité : $f_n^{(q)}(1+a) = 2f_n^{(q)}(a) - f_n^{(q-1)}(a)$.

En particulier, posant $a = 0$, on obtient $f_n^{(q)}(1) = 2f_n^{(q)} - f_n^{(q-1)}$; de là, en remarquant que $f_n^{(q)}(1) = \sum_{j=0}^{n} \binom{n}{j} f_{n-j}^{(q)}$, on obtient la relation (3.39b).   □

Proposition 3.2.28. *Soit q un entier ≥ 1. Les suites $(f_n^{(q)})_{n \geq 0}$ et $(f_n)_{n \geq 0}$ sont telles que :*

$$f_n^{(q)} = \sum_{i_1 + \cdots + i_q = n} \binom{n}{i_1, \ldots, i_q} f_{i_1} \ldots f_{i_q}. \tag{3.40}$$

Démonstration. Soit q un entier ≥ 1 ; pour $z \in \mathcal{E}_p$, on a :

$$\mathcal{L}_p((\delta_0 - \omega)^{-q})(z) = \mathcal{L}_p((\delta_0 - \omega)^{-1})(z)^q = \left(\sum_{n \geq 0} f_n \frac{z^n}{n!} \right)^q = \left(\sum_{n \geq 0} a_n z^n \right)^q,$$

où $a_n = \dfrac{f_n}{n!}$; puisque $\left(\sum_{n \geq 0} a_n z^n \right)^q = \sum_{n \geq 0} a_q(n) z^n$, avec $a_q(n) = \sum_{i_1 + \cdots + i_q = n} a_{i_1} \ldots a_{i_q}$, on a :

$$\mathcal{L}_p((\delta_0 - \omega)^{-q})(z) = \sum_{n \geq 0} \left[\sum_{i_1 + \cdots + i_q = n} \binom{n}{i_1, \ldots, i_q} f_{i_1} \ldots f_{i_q} \right] \frac{z^n}{n!},$$

et la relation (3.40) s'obtient simplement par identification.   □

Proposition 3.2.29. *Soit q un entier ≥ 1. Les polynômes $f_n^{(q)}(t)$ et $f_n(t)$ sont liés par :*

$$f_n^{(q)}(t) = \sum_{j+k=n} \binom{n}{j} f_k^{(q-1)} f_j(t) \tag{3.41a}$$

$$f_n^{(q)}(t) = \sum_{j+k=n} \binom{n}{j} f_j f_k^{(q-1)}(t). \tag{3.41b}$$

En outre, les suites $(f_n^{(q)})_n$, $(f_n^{(q-1)})_n$ et $(f_n)_n$ sont telles que :

$$f_n^{(q)} = \sum_{j+k=n} \binom{n}{j} f_j f_k^{(q-1)}. \tag{3.42}$$

Démonstration. • Soit $t \in \mathbb{Z}_p$; on a : $\delta_t \star (\delta_0 - \omega)^{-q} = [\delta_t \star (\delta_0 - \omega)^{-1}] \star (\delta_0 - \omega)^{-q+1}$, lorsque q est un entier ≥ 1. Dans ce cas, pour $z \in \mathcal{E}_p$, on a :

$$
\begin{aligned}
\mathcal{L}_p(\delta_t \star (\delta_0 - \omega)^{-q})(z) &= \mathcal{L}_p(\delta_t \star (\delta_0 - \omega)^{-1})(z)\mathcal{L}_p((\delta_0 - \omega)^{-q+1})(z) \\
&= \frac{e^{tz}}{2 - e^z} \times \frac{1}{(2 - e^z)^{q-1}} \\
&= \sum_{n \geq 0} f_n(t)\frac{z^n}{n!} \sum_{n \geq 0} f_n^{(q-1)}(t)\frac{z^n}{n!} \\
&= \sum_{n \geq 0} \sum_{j+k=n} \binom{n}{j} f_k^{(q-1)} f_j(t)\frac{z^n}{n!}
\end{aligned}
$$

Comme $f_n^{(q)}(t)$ est le moment d'ordre n de la mesure $\delta_t \star (\delta_0 - \omega)^{-q}$, on obtient (3.41a) par identification.

•• D'autre part, on a : $\delta_t \star (\delta_0 - \omega)^{-q} = [\delta_t \star (\delta_0 - \omega)^{-q+1}] \star (\delta_0 - \omega)^{-1}$. Ainsi, pour $z \in \mathcal{E}_p$:

$$
\begin{aligned}
\mathcal{L}_p(\delta_t \star (\delta_0 - \omega)^{-q})(z) &= \mathcal{L}_p(\delta_t \star (\delta_0 - \omega)^{-q+1})(z)\mathcal{L}_p((\delta_0 - \omega)^{-1})(z) \\
&= \frac{e^{tz}}{(2 - e^z)^{q-1}} \times \frac{1}{2 - e^z} \\
&= \sum_{n \geq 0} f_n^{(q-1)}(t)\frac{z^n}{n!} \sum_{n \geq 0} f_n\frac{z^n}{n!} \\
&= \sum_{n \geq 0} \sum_{j+k=n} \binom{n}{j} f_k f_j^{(q-1)}(t)\frac{z^n}{n!},
\end{aligned}
$$

et l'on obtient par identification la relation (3.41b).
• Pour obtenir (3.42), il suffit de poser $t = 0$ dans l'une des deux relations (3.41a) ou (3.41b). □

3.2.2 Les mesures de Bernoulli régularisées de rang 1.

Soit α une unité p-adique. Rappelons que, la mesure de Bernoulli régularisée par α de rang 1, notée $\mu_{1,\alpha}$, est telle que $\mu_{1,\alpha}(a + p^n\mathbb{Z}_p) = \frac{1}{2\alpha}\left(1 - \alpha + 2\,[a\alpha]_n\right)$, lorsque n et a sont des entiers tels que $n \geq 0$ et $0 \leq a \leq p^n - 1$.

Du Lemme 2.2.2 il résulte que $\mathcal{L}_p(\mu_{1,\alpha})(z) = \dfrac{1}{e^z - 1} - \dfrac{\alpha^{-1}}{e^{\alpha^{-1}z} - 1}$, pour $z \in \mathcal{E}_p$. En particulier, lorsque $\alpha = -1$ on a :

$$
\mathcal{L}_p(\mu_{1,-1})(z) = \frac{1}{e^z - 1} + \frac{1}{e^{-z} - 1} = \frac{1}{e^z - 1} + \frac{e^z}{1 - e^z} = -1.
$$

D'où $\mathcal{L}_p(\mu_{1,-1})(z) = -1 = \mathcal{L}_p(-\delta_0)(z)$ et l'on retrouve l'égalité $\delta_0 = -\mu_{1,-1}$, car $\mathcal{L}_p$ est injective.

Notons que, de la Proposition 2.2.3, il résulte que la transformation de Laplace de la mesure $\mu(p) = \sum_{\alpha^{p-1}=1} \mu_{1,\alpha}$ (lorsque p est un nombre premier ≥ 5 fixé) est donnée par :

$$\mathcal{L}_p(\mu(p))(z) = (p-1) \sum_{\ell=1}^{p-2} \sum_{j\geq 0} \frac{B_{j(p-1)+\ell}}{(j(p-1)+\ell)!} z^{j(p-1)+\ell-1}.$$

On associe à toute mesure de Bernoulli régularisée $\mu_{1,\alpha}$ des polynômes $P_{n,\alpha}(t)$, $n \geq 0$, définis par le développement en série de la transformation de Laplace $\mathcal{L}_p(\delta_t \star \mu_{1,\alpha})$. Ces polynômes sont intimement liés aux polynômes de Bernoulli $B_n(t)$, $n \geq 0$. Rappelons que les polynômes de Bernoulli sont donnés par la série génératrice exponentielle :

$$\frac{ze^{tz}}{e^z - 1} = \sum_{n\geq 0} B_n(t)\frac{z^n}{n!}.$$

Théorème 3.2.30. *Soit α une unité p-adique. La suite $(P_{n,\alpha}(t))_{n\geq 0}$ définie par :*

$$(n+1)P_{n,\alpha}(t) = B_{n+1}(t) - \alpha^{-n-1}B_{n+1}(\alpha t), \ \ pour \ n \geq 0,$$

vérifie pour $a \in \mathbb{Z}_p$ les congruences :

$$P_{rp^k+s,\alpha}(a) \equiv P_{rp^{k-1}+s,\alpha}(a) \pmod{p^k}, \tag{3.43}$$

où r, k et s sont des entiers tels que $(r, p) = 1$, $k \geq 1$ et $s \geq 0$.

Démonstration. Soient $a \in \mathbb{Z}_p$, δ_a la mesure de Dirac en a et soit α une unité p-adique. Pour $z \in \mathcal{E}_p$, on a :

$$\mathcal{L}_p(\delta_a * \mu_{1,\alpha})(z) = \frac{e^{az}}{e^z - 1} - \frac{\alpha^{-1}e^{(a\alpha)(\alpha^{-1}z)}}{e^{\alpha^{-1}z} - 1} \ \ = \sum_{n\geq 1} B_n(a)\frac{z^{n-1}}{n!} - \sum_{n\geq 1}\alpha^{-n}B_n(a\alpha)\frac{z^{n-1}}{n!}$$

$$= \sum_{n\geq 0}\left[B_{n+1}(a) - \alpha^{-n-1}B_{n+1}(a\alpha)\right]\frac{z^n}{(n+1)!} \ \ = \sum_{n\geq 0}\frac{1}{n+1}\left[B_{n+1}(a) - \alpha^{-1-n}B_{n+1}(a\alpha)\right]\frac{z^n}{n!}$$

$$= \sum_{n\geq 0}P_{n,\alpha}(a)\frac{z^n}{n!},$$

avec $P_{n,\alpha}(a) = \frac{1}{n+1}\left[B_{n+1}(a) - \alpha^{-1-n}B_{n+1}(a\alpha)\right]$. Ainsi, $P_{n,\alpha}(a)$ est le moment d'ordre n de la mesure $\delta_a * \mu_{1,\alpha}$ qui est telle que $\|\delta_a * \mu_{1,\alpha}\| = \|\delta_a\|\,\|\mu_{1,\alpha}\| = 1$. D'où, en appliquant le Lemme 2.1.1, on obtient (3.43). $\qquad \square$

Posant $a = 0$ dans la relation (3.43), on obtient le résultat suivant :

Corollaire 3.2.31. *Nous avons les congruences de Kummer suivantes :*

$$(1 - \alpha^{-(rp^k+s)})\frac{B_{rp^k+s}}{rp^k+s} \equiv (1 - \alpha^{-(rp^{k-1}+s)})\frac{B_{rp^{k-1}+s}}{rp^{k-1}+s} \pmod{p^k}, \, si \, p \neq 2, \qquad (3.44)$$

où r, k et s sont tels que $(r, p) = 1$, $k \geq 1$ et $s \geq 1$.

3.2.3 Les mesures ν_β.

Soit p un nombre premier impair.
Soit $\beta \neq 1$ une racine $(p-1)$-ième de l'unité contenue dans $\mathbb{Z}_p$ (dans ce cas $|\beta - 1| = 1$).
Posant $\nu_\beta(a + p^n\mathbb{Z}_p) = \beta^a$, pour $n \geq 0$ et $a \in \{0, 1, \ldots, p^n - 1\}$, on peut prolonger ν_β en une mesure $\nu_\beta : \Omega(\mathbb{Z}_p) \longrightarrow K$ (cf. par exemple [3, p. 469, 8.2.2]).

Lemme 3.2.32. *Soit p un nombre premier impair. La transformation de Laplace de la mesure ν_β est donnée par :*

$$\mathcal{L}_p(\nu_\beta)(z) = \frac{\beta - 1}{\beta e^z - 1}.$$

De plus, l'intégrale des polynômes binomiaux par rapport à ν_β est donnée par $\langle \nu_\beta, Q_n \rangle = \dfrac{\beta^n}{(1 - \beta)^n}$; il en résulte que ν_β est inversible, d'inverse $\nu_\beta^{-1} = \delta_0 - \dfrac{\beta}{1 - \beta}\omega$.

Démonstration. Soit p un nombre premier impair. Pour $z \in \mathcal{E}_p$, on a :

$$\int_{\mathbb{Z}_p} e^{tz} d\nu_\beta(t) = \lim_{n \to \infty} \sum_{a=0}^{p^n - 1} e^{az}\beta^a = \lim_{n \to \infty} \frac{e^{p^n z}\beta^{p^n} - 1}{\beta e^z - 1} = \lim_{n \to \infty} \frac{\beta e^{p^n z} - 1}{\beta e^z - 1}$$

Comme $\lim_{n \to +\infty} p^n = 0$ et l'exponentielle est une fonction continue sur $\mathcal{E}_p$, on a $\lim_{n \to \infty} e^{p^n z} = 1$.
La transformation de Laplace de la mesure ν_β est donc donnée par $\mathcal{L}_p(\nu_\beta)(z) = \dfrac{\beta - 1}{\beta e^z - 1}$.

Nous allons déduire de la transformation de Laplace les intégrales des polynômes binomiaux.

Rappelons que pour $z \in \mathcal{E}_p$, c'est-à-dire z est tel que $|z| < |p|^{\frac{1}{p-1}}$, on a
$|e^z - 1| = |z| < |p|^{\frac{1}{p-1}} < 1$ (cf. par exemple [7, 29]). Ainsi $\left| \dfrac{\beta(e^z - 1)}{\beta - 1} \right| = |e^z - 1| < 1$ et
l'on obtient dans ce cas :

$$\mathcal{L}_p(\nu_\beta)(z) = \frac{1}{1 - \frac{\beta(e^z-1)}{1-\beta}} = \sum_{n \geq 0} \frac{\beta^n}{(1-\beta)^n}(e^z - 1)^n = \mathcal{F}_p(\nu_\beta) \circ e(z).$$

D'où l'on déduit que $\displaystyle\sum_{n \geq 0} \frac{\beta^n}{(1-\beta)^n} y^n = \mathcal{F}_p(\nu_\beta)(y) = \sum_{n \geq 0} \langle \nu_\beta, Q_n \rangle y^n$, pour $y \in \mathcal{E}_p$. Ainsi,

on a $\langle \nu_\beta, Q_n \rangle = \dfrac{\beta^n}{(1-\beta)^n}$, pour $n \geq 0$.

Il en résulte que $\nu_\beta = \displaystyle\sum_{n \geq 0} \frac{\beta^n}{(1-\beta)^n} \omega^n = \left(\delta_0 - \frac{\beta}{1-\beta} \omega \right)^{-1}$. D'où ν_β est inversible

d'inverse $\nu_\beta^{-1} = \delta_0 - \dfrac{\beta}{1-\beta} \omega$. $\square$

3.2.3.1   Retour sur les nombres d'Euler.

M.-S. Kim a définit dans [17] une distribution p-adique qu'il note μ et qui n'est autre chose que la mesure ν_{-1} pour $p \neq 2$. Il intègre, à la Volkenborn, les fonctions strictement différentiables par rapport à cette distribution et retrouve ainsi quelques résultats bien connus sur les nombres d'Euler. Nous allons utiliser entre autre la transformation de Laplace de la mesure ν_{-1} pour obtenir ces mêmes résultats et quelques autres congruences.

Théorème 3.2.33 (Formule de Witt pour les nombres d'Euler).

$$E_m = \int_{\mathbb{Z}_p} (2t + 1)^m d\nu_{-1}(t). \tag{3.45}$$

Démonstration. Pour tout $z \in \mathcal{E}_p$, on a

$$\sum_{m \geq 0} \int_{\mathbb{Z}_p} (2t+1)^m d\nu_{-1}(t) \frac{z^m}{m!} = \int_{\mathbb{Z}_p} \sum_{m \geq 0} (2t+1)^m \frac{z^m}{m!} d\nu_{-1}(t) = \int_{\mathbb{Z}_p} e^{(2t+1)z} d\nu_{-1}(t).$$

Mais, puisque $\displaystyle\int_{\mathbb{Z}_p} e^{(2t+1)z} d\nu_{-1}(t) = e^z \mathcal{L}_p(\nu_{-1})(2z) = \frac{2e^z}{e^{2z}+1} = \frac{1}{\operatorname{ch} z} = \sum_{m \geq 0} E_m \frac{z^m}{m!}$, on

obtient la relation (3.45). $\square$

Lemme 3.2.34. *Soient p un nombre premier impair, $\beta \in \mathbb{Z}_p$ une racine de l'unité d'ordre $p - 1$ différente de 1, $f \in \mathcal{C}(\mathbb{Z}_p, K)$ et q un entier ≥ 1 fixé. On a :*

$$\int_{\mathbb{Z}_p} f(t)d\nu_\beta(t) = \beta^q \int_{\mathbb{Z}_p} f(t + q)d\nu_\beta(t) + (1 - \beta) \sum_{k=0}^{q-1} f(k)\beta^k. \tag{3.46}$$

Démonstration. Soit p un nombre premier impair. Lorsque $\beta \in \mathbb{Z}_p$ une racine $(p - 1)$-ième de l'unité différente de 1 et $f \in \mathcal{C}(\mathbb{Z}_p, K)$, on a :

$$\int_{\mathbb{Z}_p} f(t + 1)d\nu_\beta(t) = \lim_{n \to +\infty} \sum_{a=0}^{p^n - 1} f(a + 1)\beta^a = \beta^{-1} \lim_{n \to +\infty} \sum_{a=1}^{p^n} f(a)\beta^a.$$

Puisque $\displaystyle\sum_{a=1}^{p^n} f(a)\beta^a = \sum_{a=0}^{p^n - 1} f(a)\beta^a - f(0) + \beta f(p^n)$ on a par passage à la limite :

$$\int_{\mathbb{Z}_p} f(t + 1)d\nu_\beta(t) = \beta^{-1} \int_{\mathbb{Z}_p} f(t)d\nu_\beta(t) + (1 - \beta^{-1})f(0) \implies$$

$$\int_{\mathbb{Z}_p} f(t)d\nu_\beta(t) = \beta \int_{\mathbb{Z}_p} f(t + 1)d\nu_\beta(t) + (1 - \beta)f(0).$$

De la même manière, on a :

$$\int_{\mathbb{Z}_p} f(t + 1)d\nu_\beta(t) = \beta \int_{\mathbb{Z}_p} f(t + 2)d\nu_\beta(t) + (1 - \beta)f(1) \implies$$

$$\int_{\mathbb{Z}_p} f(t)d\nu_\beta(t) = \beta^2 \int_{\mathbb{Z}_p} f(t + 2)d\nu_\beta(t) + (1 - \beta)\left[f(0) + \beta f(1)\right].$$

Par récurrence on obtient la relation (3.46).

Signalons que, de cette relation on obtient la transformation de Laplace de la mesure ν_β en posant $f(t) = e^{tz}$, pour $z \in \mathcal{E}_p$. $\square$

Utilisant le Lemme 3.2.34 et le Théorème 3.2.33, nous allons donner des relations de récurrence liant entre eux les nombres d'Euler.

Proposition 3.2.35. *Soit q un entier ≥ 1. Les nombres d'Euler E_n, $n \geq 0$, sont liés par les relations de récurrence suivantes:*

$$E_n = (-1)^q \sum_{j=0}^{n} 2^{n-j} q^{n-j} \binom{n}{j} E_j + 2 \sum_{j=0}^{q-1} (-1)^j (2j + 1)^n. \tag{3.47}$$

Démonstration. Fixons p un nombre premier ≥ 3 et considérons un entier $q \geq 1$. D'après le Lemme 3.2.34-(3.46), posant $f(t) = (2t + 1)^n$ pour $n \geq 0$ et $\beta = -1$, on obtient :

$$\int_{\mathbb{Z}_p} (2t + 1)^n d\nu_{-1}(t) = (-1)^q \int_{\mathbb{Z}_p} (2t + 2q + 1)^n d\nu_{-1}(t) + 2 \sum_{j=0}^{q-1} (-1)^j (2j + 1)^n.$$

En observant que $(2t + 2q + 1)^n = [(2t + 1) + 2q]^n = \sum_{j=0}^{n} 2^{n-j} q^{n-j} \binom{n}{j} (2t + 1)^j$ et en tenant compte du Théorème 3.2.33, on obtient (3.47). $\qquad\square$

Corollaire 3.2.36. *Les nombres d'Euler satisfont les congruences suivantes :*

$$(2n + 1)E_{2n} \equiv (2m + 1)E_{2m} \pmod 4. \tag{3.48}$$

Démonstration. Posant $q = 2$ dans (3.47), on obtient :

$$\sum_{j=0}^{n-1} 2^{2(n-j)} \binom{n}{j} E_j + 2(1 - 3^n) = 0$$

$$2nE_{n-1} + 2 \sum_{j=0}^{n-2} 2^{2(n-j-1)} \binom{n}{j} E_j = 3^n - 1$$

$$2(n + 1)E_n + 2^3 \sum_{j=0}^{n-1} 2^{2(n-j-1)} \binom{n+1}{j} E_j = 3^{n+1} - 1$$

D'où l'on a $2(n + 1)E_n \equiv 3^{n+1} - 1 \pmod 8$. De même $2(m + 1)E_m \equiv 3^{m+1} - 1 \pmod 8$. Par conséquent, on a $2\left[(n + 1)E_n - (m + 1)E_m\right] \equiv 3^{m+1}\left(3^{n-m} - 1\right) \pmod 8$.
Comme $3^2 = 9 \equiv 1 \pmod 8$, on a $3^{n-m} - 1 \equiv 0 \pmod 8$ si $n - m$ est pair ; la relation (3.48) s'en déduit alors immédiatement en substituant $2n$ à n et $2m$ à m. $\qquad\square$

Corollaire 3.2.37. *Soit n un entier ≥ 1 et soit q un entier pair ≥ 2. Les nombres d'Euler satisfont aux congruences suivantes:*

$$q^2(2n + 1)(2n + 2)E_{2n} \equiv -\sum_{j=0}^{q-1} (-1)^j (2j + 1)^{2n+2} \pmod{8q^4} \tag{3.49a}$$

$$(2n + 1)qE_{2n} \equiv -\sum_{j=0}^{q-1} (-1)^j (2j + 1)^{2n+1} \pmod{4q^3}. \tag{3.49b}$$

Démonstration. Soit q un entier pair ≥ 2.

• Lorsque m est un entier ≥ 2, la relation (3.47) devient :

$$\sum_{j=0}^{2m-1} 2^{2m-j} q^{2m-j} \binom{2m}{j} E_j + 2 \sum_{j=0}^{q-1} (-1)^j (2j+1)^{2m} = 0.$$

Comme $E_n = 0$ pour n impair on obtient :

$$2m(2m-1)q^2 E_{2m-2} = -\sum_{j=0}^{q-1} (-1)^j (2j+1)^{2m} - 8q^4 \sum_{j=0}^{2m-4} 2^{2m-j-4} q^{2m-j-4} \binom{m}{j} E_j.$$

Les nombres d'Euler étant des entiers relatifs, on a
$$\sum_{j=0}^{2m-4} 2^{2m-j-4} q^{2m-j-4} \binom{2m}{j} E_j \in \mathbb{Z}_p \,;\, \text{posant } n = m-1, \text{ on obtient (3.49a).}$$

• Soit m un entier impair ≥ 3 ; la relation (3.47) devient :

$$\sum_{j=0}^{m-1} 2^{m-j} q^{m-j} \binom{m}{j} E_j + 2 \sum_{j=0}^{q-1} (-1)^j (2j+1)^m \;=\; 0 \implies$$

$$mq E_{m-1} + 4q^3 \sum_{j=0}^{m-3} 2^{m-j-3} q^{m-j-3} \binom{m}{j} E_j \;=\; -\sum_{j=0}^{q-1} (-1)^j (2j+1)^m.$$

Puisque $\displaystyle\sum_{j=0}^{m-3} 2^{m-j-3} q^{m-j-3} \binom{m}{j} E_j \in \mathbb{Z}_p$, posant $2n = m-1$, on obtient (3.49b).

$\square$

Corollaire 3.2.38. *Soient q un entier impair ≥ 3 et n un entier ≥ 0. Les nombres d'Euler satisfont les relations suivantes:*

$$E_{2n} \equiv \sum_{j=0}^{q-1} (-1)^j (2j+1)^{2n} \pmod{2q^2} \tag{3.50a}$$

$$(2n+1)q E_{2n} \equiv \sum_{j=0}^{q-1} (-1)^j (2j+1)^{2n+1} \pmod{4q^3}. \tag{3.50b}$$

Démonstration. Soit q un entier impair ≥ 3.

- On a $E_0 = 1$ et $\displaystyle\sum_{j=0}^{q-1}(-1)^j = \frac{(-1)^q - 1}{-2} = 1$; donc (3.50a) est une relation triviale pour $n = 0$.

Supposons maintenant que $n \geq 1$; la relation (3.47) devient :

$$2E_{2n} = -4nq E_{2n-1} - \sum_{j=0}^{2n-2} 2^{2n-j} q^{2n-j} \binom{2n}{j} E_j + 2\sum_{j=0}^{q-1}(-1)^j(2j+1)^{2n} \implies$$

$$E_{2n} = -2q^2 \sum_{j=0}^{2n-2} 2^{2n-j-2} q^{2n-j-2} \binom{n}{j} E_j + \sum_{j=0}^{q-1}(-1)^j(2j+1)^{2n},$$

car $E_{2n-1} = 0$. D'où, sachant que $\displaystyle\sum_{j=0}^{2n-2} 2^{2n-j-2} q^{2n-j-2} \binom{2n}{j} E_j \in \mathbb{Z}_p$, on déduit (3.50a).

- D'abord on a $\displaystyle\sum_{j=1}^{m-1} x^j = \frac{x^m - 1}{x - 1} - 1$ si m est un entier ≥ 2. Ainsi :

$$\sum_{j=1}^{m-1} j x^j = x\frac{d}{dx}\left(\frac{x^m - 1}{x - 1} - 1\right) = \frac{x}{(1-x)^2}\left[(m-1)x^m - mx^{m-1} + 1\right]. \qquad (3.51)$$

Puisque q est un entier impair ≥ 3, on a $\displaystyle\sum_{j=0}^{q-1} j(-1)^j = \frac{q-1}{2}$ et $\displaystyle\sum_{j=0}^{q-1}(-1)^j = 1$; dans ce cas

$$\sum_{j=0}^{q-1}(-1)^j(2j+1) = 2\sum_{j=0}^{q-1} j(-1)^j + \sum_{j=0}^{q-1}(-1)^j = 2 \times \frac{q-1}{2} + 1 = q = qE_0.$$

Donc la relation (3.50b) est triviale pour $n = 0$.

Soit m un entier impair ≥ 3 ; de la relation (3.47) on obtient :

$$\sum_{j=0}^{m-1} 2^{m-j} q^{m-j} \binom{m}{j} E_j + 2\sum_{j=0}^{q-1}(-1)^j(2j+1)^m = 0 \implies$$

$$mq E_{m-1} + 4q^3 \sum_{j=0}^{m-3} 2^{m-j-3} q^{m-j-3} \binom{m}{j} E_j = -\sum_{j=0}^{q-1}(-1)^j(2j+1)^m.$$

Puisque $\displaystyle\sum_{j=0}^{m-3} 2^{m-j-3} q^{m-j-3} \binom{m}{j} E_j \in \mathbb{Z}_p$, posant $2n = m - 1$, on obtient (3.50b).

$\square$

Remarque 3.2.7. La relation (3.50a) est plus fine que la suivante établie par M-S. Kim dans [17] :

$$E_{2n} \equiv \sum_{j=0}^{q-1} (-1)^j (1+2j)^{2n} \pmod{q}. \tag{3.52}$$

De plus, (3.52) n'est vraie qu'avec la condition de parité que nous imposons à q.
Pour un contre-exemple, posons $q = 2$, on obtient $E_{2n} \equiv 1 - 3^{2n} \equiv 0 \pmod 2$ pour $n \geq 0$, ce qui est absurde car tous les nombres d'Euler d'indices pairs sont des entiers impairs (Remarque 3.2.2).

3.2.3.2   Les polynômes d'Euler.

Soit q un entier ≥ 1.
Les polynômes d'Euler généralisés $E_n^{(q)}(u)$ d'ordre q, $n \geq 0$, sont définis par la fonction génératrice :

$$\left(\frac{2}{e^z + 1} \right)^q e^{uz} = \sum_{n \geq 0} E_n^{(q)}(u) \frac{z^n}{n!}.$$

Les polynômes $E_n^{(1)}(u) = E_n(u)$ sont les polynômes "classiques" d'Euler.
Appliquant la transformation de Laplace à des mesures liées à la mesure ν_{-1} on obtient le théorème qui suit.

Théorème 3.2.39. *Soit $a \in \mathbb{Z}_p$; pour $p \geq 3$, on a les congruences suivantes :*

$$E_{rp^k+s}(a) \equiv E_{rp^{k-1}+s}(a) \pmod{p^k}, \tag{3.53}$$

où r, k et s sont des entiers tels que $(r, p) = 1$, $k \geq 1$ et $s \geq 0$.

Démonstration. Soient $a \in \mathbb{Z}_p$ et $z \in \mathcal{E}_p$; puisque la transformation de Laplace est un morphisme d'algèbres, on a :

$$\mathcal{L}_p(\nu_{-1} \star \delta_a)(z) = \mathcal{L}_p(\nu_{-1})(z)\mathcal{L}_p(\delta_a)(z) = \frac{2e^{az}}{e^z + 1} = \sum_{n \geq 0} E_n(a) \frac{z^n}{n!}.$$

Donc le moment d'ordre n de la mesure $\nu_{-1} \star \delta_a$ est tel que
$$m_{n,a} = E_n(a) = \int_{\mathbb{Z}_p} t^n d(\nu_{-1} \star \delta_a)(t).$$
Comme $\|\nu_{-1} \star \delta_a\| = 1$, la suite $(E_n(a))_n$ vérifie donc la relation (3.53). En particulier, lorsque $a = 0$, on retrouve la relation (3.61b). $\qquad\square$

De nouveau avec la transformation de Laplace appliquée à des mesures spécifiques liées à la mesure ν_{-1}, on obtient les résultats suivants :

Théorème 3.2.40. *Si $q \geq 1$, la valeur du n-ième polynôme d'Euler généralisé d'ordre q en 0 est donnée par :*

$$E_n^{(q)}(0) = \sum_{k=0}^{n} \frac{(-1)^k k!}{2^k} \binom{q+k-1}{k} S(n,\, k). \tag{3.54}$$

De plus, pour $a \in \mathbb{Z}_p$ fixé, on a :

$$E_n^{(q)}(a) = \sum_{j+k=n} \binom{n}{j} E_j^{(q)}(0) a^k, \tag{3.55a}$$

$$E_{rp^k+s}^{(q)}(a) \equiv E_{rp^{k-1}+s}^{(q)}(a) \pmod{p^k}, \tag{3.55b}$$

où r, k et s sont des entiers tels que $(r,\, p) = 1$, $k \geq 1$ et $s \geq 0$.

Démonstration. Soit q un entier ≥ 1. Pour $z \in \mathcal{E}_p$, on a :

$$\mathcal{L}_p(\nu_{-1}^{\star q})(z) = \mathcal{L}_p(\nu_{-1})(z)^q = \left(\frac{2}{e^z+1} \right)^q = \sum_{n \geq 0} E_n^{(q)}(0) \frac{z^n}{n!}.$$

Ainsi, le moment d'ordre n de la mesure $\nu_{-1}^{\star q}$ est $m_{n,q} = E_n^{(q)}(0)$.
D'autre part, pour $z \in \mathcal{E}_p$, on a :

$$\mathcal{L}_p(\nu_{-1}^{\star q})(z) = \left[\left(\frac{e^z-1}{2} \right) + 1 \right]^{-q} = \sum_{k \geq 0} \frac{1}{2^k} \binom{-q}{k} (e^z-1)^k.$$

Rappelons que $\dfrac{(e^z-1)^k}{k!} = \sum\limits_{n \geq k} S(n,\, k) \dfrac{z^n}{n!}$, lorsque k est un entier ≥ 0. Par conséquent, on a :

$$\begin{aligned}
\mathcal{L}_p(\nu_{-1}^{\star q})(z) &= \sum_{k \geq 0} \frac{(-1)^k}{2^k} \binom{q+k-1}{k} k! \sum_{n \geq k} S(n,\, k) \frac{z^n}{n!} \\
&= \sum_{n \geq 0} \left[\sum_{k=0}^{n} \frac{(-1)^k k!}{2^k} \binom{q+k-1}{k} S(n,\, k) \right] \frac{z^n}{n!}.
\end{aligned}$$

D'où, par identification, on obtient (3.54).

Soit $a \in \mathbb{Z}_p$ fixé. On a :

$$\mathcal{L}_p(\nu_{-1}^{\star q} * \delta_a)(z) = \mathcal{L}_p(\nu_{-1}^{\star q})(z) \mathcal{L}_p(\delta_a)(z) = \left(\frac{2}{e^z+1} \right)^q e^{az} = \sum_{n \geq 0} E_n^{(q)}(a) \frac{z^n}{n!}.$$

Mais, comme $\mathcal{L}_p(\nu_{-1}^{\star q})(z) = \sum_{n \geq 0} E_n^{(q)}(0) \dfrac{z^n}{n!}$ et $\mathcal{L}_p(\delta_a)(z) = \sum_{k \geq 0} a^k \dfrac{z^k}{k!}$, on a :

$$\mathcal{L}_p(\nu_{-1}^{\star q} \ast \delta_a)(z) = \left[\sum_{n \geq 0} E_n^{(q)}(0) \frac{z^n}{n!} \right] \times \sum_{k \geq 0} a^k \frac{z^k}{k!} = \sum_{n \geq 0} \left[\sum_{j+k=n} \binom{n}{j} E_j^{(q)}(0) a^k \right] \frac{z^n}{n!}.$$

D'où l'on obtient par identification la relation (3.55a).

Pour $a \in \mathbb{Z}_p$, $E_n^{(q)}(a)$ est le moment d'ordre n de la mesure $\nu_{-1}^{\star q} \ast \delta_a$ telle que $\left\| \nu_{-1}^{\star q} \ast \delta_a \right\| = \left\| \nu_{-1}^{\star q} \right\| \|\delta_a\| = 1$. La suite $(E_n^{(q)}(a))_n$ vérifie donc (3.55b). $\qquad\square$

Proposition 3.2.41. *Soient p un nombre premier impair, q et n deux entiers tels que $q \geq 1$ et $n \geq 0$. On a :*

$$E_n^{(q)}\left(\frac{q}{2}\right) = \frac{1}{2^n} E_n^{(q)}. \tag{3.56}$$

Démonstration. Soit q un entier ≥ 1 ; pour $z \in \mathcal{E}_p$, on a :

$$\mathcal{L}_p\left(\nu_{-1}^{\star q} \star \delta_{q/2}\right)(z) = \left(\frac{2}{e^z+1}\right)^q e^{\frac{qz}{2}} = \sum_{n \geq 0} E_n^{(q)}\left(\frac{q}{2}\right) \frac{z^n}{n!}. \tag{3.57}$$

Puisque $\delta_{q/2} = \delta_{1/2}^{\star q}$ et $\mathcal{L}_p\left(\nu_{-1}^{\star q} \star \delta_{q/2}\right)(z) = \left[\mathcal{L}_p\left(\nu_{-1} \star \delta_{1/2}\right)(z)\right]^q$, on a :

$$\mathcal{L}_p\left(\nu_{-1}^{\star q} \star \delta_{q/2}\right)(z) = \left(\frac{2e^{\frac{z}{2}}}{e^z+1}\right)^q = \left(\frac{1}{\operatorname{ch}\frac{z}{2}}\right)^q = \sum_{n \geq 0} \frac{1}{2^n} E_n^{(q)} \frac{z^n}{n!}. \tag{3.58}$$

Des relations (3.57) et (3.58), on déduit (3.56) par identification. En particulier, pour $q = 1$, on retrouve l'identité bien connue $E_n = 2^n E_n\left(\dfrac{1}{2}\right)$. $\qquad\square$

N.B 6. On peut par des manipulations directes sur les séries formelles obtenir une bonne partie des formules écrites ci-dessus : c'est le cas des formules (3.54), (3.55a), (3.56) et bien d'autres.

3.2.3.3   Les nombres de Genocchi.

Les nombres de Genocchi (cf. par exemple [4]) notés G_n, $n \geq 0$, et appelés parfois les nombres de Genocchi de première espèce (cf. par exemple [1]), sont définis par la série :

$$G(z) = \frac{2z}{1 + e^z} = z(1 - \tanh \frac{z}{2}) = \sum_{n \geq 1} G_n \frac{z^n}{n!}. \tag{3.59}$$

Les nombres de Genocchi sont des entiers (cf. par exemple [1, Théorèmes A, B, C, D de Dumont] ou [17, Remark 2.10]). Il résulte de (3.59) que $G_0 = 0$, $G_1 = 1$ et $G_{2m+1} = 0$, pour $m \geq 1$, car la série $G(z) - z$ est paire. Les nombres de Genocchi sont liés aux nombres de Bernoulli B_m, $m \geq 0$, par la relation $G_m = 2(1 - 2^m)B_m$, pour $m \geq 0$ (cf. par exemple [4, 12]). Comme les nombres d'Euler et de Bernoulli, les nombres de Genocchi sont importants en théorie des nombres et en analyse combinatoire. C'est pourquoi beaucoup d'auteurs ont travaillé sur les propriétés arithmétiques de ces nombres (cf. [1, 2, 12, 18, 17, 28]). Ainsi, M.-S. Kim a établi dans [17] les congruences suivantes pour les nombres de Genocchi

$$2G_{2m} \equiv 4m \sum_{a=0}^{q-1} (-1)^a a^{2m-1} \pmod{q^2}, \tag{3.60}$$

où q et m sont des entiers ≥ 1.

Partant de la relation (3.59), Dumont et Viennot (cf. [1]) ont défini la matrice de Seidel des nombres de Genocchi G_n, $n \geq 0$, par :

$$\sum_{n,k \geq 0} g_n^k \frac{u^k}{k!} \times \frac{t^n}{n!} = \frac{2e^u(t + u)}{e^{t+u} + 1}.$$

Barsky a établi dans [1], pour les nombres de Genocchi de 2e espèce h_n qui sont tels que $h_{2n+1} = g_n^{n+1} = g_n^n = g_n^{n+2} = -g_n^{n+2}$ les congruences suivantes :

$$h_{2n+1} \equiv h_{2(n+(p-1)p^{r(h)})} \pmod{p^k},$$

pour $p \neq 2$ et tout $n \geq r(k) + 1$, avec $r(k) = k + 1 + 2\dfrac{\log k}{\log p}$.

Soit p un nombre premier ≥ 3 ; les nombres de Genocchi G_n, $n \geq 0$, sont liés à la transformation de Laplace de la mesure ν_{-1}. En effet, on déduit du Lemme 3.2.32 que $\mathcal{L}_p(\nu_{-1})(z) = \dfrac{2}{e^z + 1}$, ce qui permet d'avoir les nombres de Genocchi de première espèce à l'aide du développement en série entière de $\mathcal{L}_p(\nu_{-1})(z)$ et d'obtenir quelques relations intéressantes à leur sujet.

Théorème 3.2.42. *On a les relations suivantes :*

$$\frac{G_{n+1}}{n+1} = \sum_{k=0}^{n} \frac{(-1)^k k!}{2^k} S(n,\, k), \tag{3.61a}$$

$$\frac{G_{rp^k+s}}{rp^k+s} \equiv \frac{G_{rp^{k-1}+s}}{rp^{k-1}+s} \pmod{p^k}, \; si\; p \geq 3, \tag{3.61b}$$

où r, s et k sont des entiers tels que $(r, p) = 1$, $k \geq 1$ et $s \geq 1$.

Démonstration. Considérant la série génératrice des nombres de Genocchi G_n, $n \geq 0$, pour $z \in \mathcal{E}_p$, on a :

$$z \cdot \mathcal{L}_p(\nu_{-1})(z) = \frac{2z}{e^z + 1} = \sum_{n \geq 1} G_n \frac{z^n}{n!} \implies \mathcal{L}_p(\nu_{-1})(z) = \sum_{n \geq 0} \frac{G_{n+1}}{n+1} \frac{z^n}{n!}.$$

D'où le moment d'ordre n de ν_{-1} est $m_{n,\nu_{-1}} = \dfrac{G_{n+1}}{n+1}$. On obtient (3.61a) en observant que $t^n = \displaystyle\sum_{k=0}^{n} k! S(n, k) Q_k$ et $\langle \nu_{-1}, Q_n \rangle = \left(\dfrac{-1}{2}\right)^n$. De plus :

$$\|\nu_{-1}\| = \sup_{n \geq 0} |\langle \nu_{-1}, Q_n \rangle| = \sup_{n \geq 0} \left| \frac{(-1)^n}{2^n} \right| = 1, \quad \text{si } p \geq 3.$$

Comme $\left(\dfrac{G_{n+1}}{n+1}\right)_{n \geq 0}$ est la suite de moments de ν_{-1}, on obtient la congruence (3.61b) en appliquant le Lemme 2.1.1 (où l'on substitue s à $s+1$).

Signalons que cette congruence s'obtient aussi directement du Corollaire 3.2.31 pour $\alpha = \dfrac{1}{2}$. □

Remarque 3.2.8. – En appliquant le Corollaire 3.1.8 lorsque $p \geq 3$ et $\mu = \nu_{-1}^{-1}$, on obtient :

$$\frac{G_{n+1}}{n+1} = \sum_{\substack{1 \leq j \leq n \\ i_1 + \cdots + i_j = n \\ i_k \neq 0}} \left(\frac{-1}{2}\right)^j \binom{n}{i_1, \ldots, i_j}.$$

– De la relation $G_{n+1} = 2(1 - 2^{n+1}) B_{n+1}$, pour n entier ≥ 0, on a $m_{n,\nu_{-1}} = 2 m_{n, \mu_{1,\frac{1}{2}}}$. Donc on obtient la relation : $\nu_{-1} = 2\mu_{1,\frac{1}{2}}$.

Utilisant le Lemme 3.2.34, nous allons donner des relations de récurrence liant les nombres de Genocchi entre eux.

Proposition 3.2.43. *Soit q un entier ≥ 1. Les nombres G_n vérifient les relations de récurrence suivantes :*

$$G_n = (-1)^q \sum_{j=1}^{n} q^{n-j} \binom{n}{j} G_j + 2n \sum_{j=0}^{q-1} (-1)^j j^{n-1}, \text{ si } n \geq 1. \tag{3.62}$$

Démonstration. Fixons un nombre premier $p \geq 3$. Nous allons nous servir de la mesure p-adique ν_{-1} pour démontrer ces relations de récurrence pour les nombres de Genocchi. Pour cela, prenons pour f la fonction monôme $f(t) = t^m$ de degré $m \geq 0$. Soit q un entier ≥ 1 ; on a $f(t+q) = (t+q)^m = \sum_{k=0}^{m} q^{m-k} \binom{m}{k} t^k$. Alors intégrant par rapport à la mesure ν_{-1} et appliquant le Lemme 3.2.34, on obtient :

$$\frac{G_{m+1}}{m+1} = (-1)^q \sum_{k=0}^{m} q^{m-k} \binom{m}{k} \frac{G_{k+1}}{k+1} + 2 \sum_{k=0}^{q-1} k^m (-1)^k \implies$$

$$G_{m+1} = (-1)^q \sum_{k=0}^{m} q^{m-k} \binom{m+1}{k+1} G_{k+1} + 2(m+1) \sum_{k=0}^{q-1} (-1)^k k^m$$

$$= (-1)^q \sum_{k=1}^{m+1} q^{m+1-k} \binom{m+1}{k} G_k + 2(m+1) \sum_{k=0}^{q-1} (-1)^k k^m$$

D'où, en posant $n = m+1$, on déduit (3.62).

En particulier, lorsque $q = 1$, on obtient $G_n = \frac{-1}{2} \sum_{j=1}^{n-1} \binom{n}{j} G_j$ pour $n \geq 2$. $\square$

Corollaire 3.2.44. *Soient n un entier ≥ 1 et q un entier impair ≥ 3. On a :*

$$G_{2n} \equiv -nq^{2n-1} + 2n \sum_{k=1}^{q-1} (-1)^k k^{2n-1} \quad (\mathrm{mod}\ nq^2 \mathbb{Z}_{(p)}), \tag{3.63}$$

où $\mathbb{Z}_{(p)} = \mathbb{Q} \cap \mathbb{Z}_p$ est l'anneau local formé par les fractions $\frac{r}{s}$ tels que $p \nmid s$.

Démonstration. Soit q un entier impair ≥ 3.
D'après la relation (3.51), on a $\sum_{k=1}^{q-1} k(-1)^k = \frac{q-1}{2}$; ceci implique

$$-q + 2 \sum_{k=1}^{q-1} (-1)^k k = -q + 2 \times \frac{q-1}{2} = -1 = G_2.$$

La relation (3.63) est donc triviale pour $n = 1$.
Supposons maintenant que n est un entier ≥ 2. En substituant $2n$ à n dans (3.62), on obtient :

$$G_{2n} = (-1)^q \left[2nq^{2n-1} + \sum_{j=2}^{2n-1} q^{2n-j} \binom{2n}{j} G_j + G_{2n} \right] + 4n \sum_{j=1}^{q-1} (-1)^j j^{2n-1}.$$

Puisque les nombres de Genocchi d'indices impairs ≥ 3 sont tous nuls, lorsque q est un entier impair ≥ 3 on obtient :

$$G_{2n} = -G_{2n} - 2nq^{2n-1} - q^2 \sum_{j=2}^{2n-2} q^{2n-j-2} \binom{2n}{j} G_j + 4n \sum_{j=1}^{q-1} (-1)^j j^{2n-1} \implies$$

$$2G_{2n} = -2nq^{2n-1} - 2nq^2 \sum_{j=1}^{n-1} q^{2(n-j-1)} \binom{2n-1}{2j-1} \frac{G_{2j}}{2j} + 4n \sum_{j=1}^{q-1} (-1)^j j^{2n-1}.$$

Puisque $\dfrac{G_{2j}}{2j}$ est le moment d'ordre $2j-1$ de la mesure ν_{-1} de norme égale à 1, on obtient

$$\left| \sum_{j=1}^{n-1} q^{2(n-j-1)} \binom{2n-1}{2j-1} \frac{G_{2j}}{2j} \right| \leq \max_{1 \leq j \leq n-1} \left| \frac{G_{2j}}{2j} \right| \leq 1.$$

Ainsi le nombre rationnel $\displaystyle\sum_{j=1}^{n-1} q^{2(n-j-1)} \binom{2n-1}{2j-1} \frac{G_{2j}}{2j}$ est un entier p-adique ; donc son dénominateur n'est pas divisible par p. C'est donc un élément de l'anneau local $\mathbb{Z}_{(p)} = \mathbb{Q} \cap \mathbb{Z}_p$ formé par les fractions $\dfrac{r}{s}$ tels que $p \nmid s$. D'où l'on déduit (3.63). $\qquad\square$

Remarques 3.2.9. Si $n \geq 2$ alors $q^{2n-1} = q^2.q^{2n-3} \equiv 0 \pmod{q^2}$. Ainsi la relation (3.63) devient :

$$G_{2n} \equiv 2n \sum_{k=1}^{q-1} (-1)^k k^{2n-1} \pmod{q^2 \mathbb{Z}_{(p)}}. \tag{3.63'}$$

Cette congruence a été récemment établie aussi par M-S. Kim (cf. [17, Theorem 2.17]) comme déjà rappelé par (3.60) à la page 114. Il l'écrit sans la condition de parité que nous imposons à q induite par le facteur $(-1)^q$ dans la relation (3.62) dont elle résulte. Nous allons montrer au moyen d'un contre-exemple que la parité de q est indispensable pour les congruences (3.60). En effet, posant $q = 2$ dans (3.60) on obtient $G_{2n} \equiv -2n$ (mod 4). Cette dernière relation n'est pas vraie en général car $G_4 = 1 \not\equiv 0$ (mod 4) et $G_6 = -3 \not\equiv 2$ (mod 4).

Corollaire 3.2.45. *Lorsque q est un entier impair ≥ 3, on a les congruences suivantes:*

$$G_{2n} \equiv 2n \sum_{j=1}^{q-1} (-1)^j j^{2n-1} \pmod{nq\mathbb{Z}_{(p)}}, \textit{si } n \geq 1 \tag{3.64a}$$

$$qG_{2n} \equiv 2 \sum_{j=1}^{q-1} (-1)^j j^{2n} \pmod{q^3 \mathbb{Z}_{(p)}}, \textit{si } n \geq 2. \tag{3.64b}$$

Démonstration. Soit q un entier impair ≥ 3.

• Lorsque n est un entier ≥ 1, de la relation (3.62), on obtient :

$$
2G_{2n} = -q \sum_{j=1}^{2n-1} q^{2n-j-1} \binom{2n}{j} G_j + 4n \sum_{j=1}^{q-1} (-1)^j j^{2n-1} \quad \Longrightarrow
$$

$$
2G_{2n} = -2nq \sum_{j=1}^{2n-1} q^{2n-j-1} \binom{2n-1}{j-1} \frac{G_j}{j} + 4n \sum_{j=1}^{q-1} (-1)^j j^{2n-1} \quad \Longrightarrow
$$

$$
G_{2n} = -nq \sum_{j=0}^{2n-2} q^{2n-j-2} \binom{2n-1}{j} \frac{G_{j+1}}{j+1} + 2n \sum_{j=1}^{q-1} (-1)^j j^{2n-1}.
$$

De plus, comme dans la démonstration du Corollaire 3.2.44, on a

$$
\left| \sum_{j=0}^{2n-2} q^{2n-j-2} \binom{2n-1}{j} \frac{G_{j+1}}{j+1} \right| \leq \max_{0 \leq j \leq 2n-2} \left| \frac{G_{j+1}}{j+1} \right| \leq \| \nu_{-1} \| = 1.
$$

D'où l'on déduit (3.64a).

• Si m est un entier impair ≥ 5, on obtient de (3.62) :

$$
0 = - \sum_{j=1}^{m-1} q^{m-j} \binom{m}{j} G_j + 2m \sum_{j=1}^{q-1} (-1)^j j^{m-1} \quad \Longrightarrow
$$

$$
mqG_{m-1} = -\frac{m(m-1)}{2} q^2 G_{m-2} - mq^3 \sum_{j=1}^{m-3} q^{m-j-3} \binom{m-1}{j-1} \frac{G_j}{j} + 2m \sum_{j=1}^{q-1} (-1)^j j^{m-1}.
$$

Posant $2n = m - 1$, et puisque les nombres de Genocchi d'indices impairs ≥ 3 sont tous nuls, on obtient

$$
qG_{2n} = -q^3 \sum_{j=0}^{2n-3} q^{2n-j-3} \binom{2n}{j} \frac{G_{j+1}}{j+1} + 2 \sum_{j=1}^{q-1} (-1)^j j^{2n}.
$$

Ainsi, comme $\left| \sum_{j=0}^{2n-3} q^{2n-j-3} \binom{2n}{j} \frac{G_{j+1}}{j+1} \right| \leq \max_{0 \leq j \leq 2n-3} \left| \frac{G_{j+1}}{j+1} \right| \leq \| \nu_{-1} \| = 1$, on déduit (3.64b).

$\square$

Corollaire 3.2.46. *Soit q un entier pair ≥ 2. Les nombres de Genocchi satisfont les congruences suivantes*:

$$\frac{2n+1}{2}q^2 G_{2n} \equiv -2\sum_{j=1}^{q-1}(-1)^j j^{2n+1} \pmod{q^3\mathbb{Z}_{(p)}},\ si\ n \geq 1 \qquad (3.65a)$$

$$qG_{2n} \equiv -2\sum_{j=1}^{q-1}(-1)^j j^{2n} \pmod{q^3\mathbb{Z}_{(p)}},\ si\ n \geq 2. \qquad (3.65b)$$

Démonstration. Soit q un entier pair ≥ 2.

• Soit n un entier ≥ 2; de la relation (3.62), on obtient :

$$2nqG_{2n-1} + \frac{2n(2n-1)}{2}q^2 G_{2n-2} + \sum_{j=1}^{2n-3}q^{2n-j}\binom{2n}{j}G_j + 4n\sum_{j=1}^{q-1}(-1)^j j^{2n-1} = 0.$$

Pour $n \geq 2$, on a $G_{2n-1} = 0$ et l'on a

$$\frac{2n-1}{2}q^2 G_{2n-2} + q^3\sum_{j=1}^{2n-3}q^{2n-j-3}\binom{2n-1}{j-1}\frac{G_j}{j} + 2\sum_{j=1}^{q-1}(-1)^j j^{2n-1} = 0 \implies$$

$$\frac{2n-1}{2}q^2 G_{2n-2} + q^3\sum_{j=0}^{2n-4}q^{2n-j-4}\binom{2n-1}{j}\frac{G_{j+1}}{j+1} + 2\sum_{j=1}^{q-1}(-1)^j j^{2n-1} = 0$$

Puisque $\left|\sum_{j=0}^{2n-4}q^{2n-j-4}\binom{2n-1}{j}\frac{G_{j+1}}{j+1}\right| \leq \max_{0\leq j\leq 2n-4}\left|\frac{G_{j+1}}{j+1}\right| \leq \|\nu_{-1}\| = 1$, substituant n à $n-1$ on obtient (3.65a).

• Lorsque m est un entier impair ≥ 5, on obtient de (3.62) :

$$mqG_{m-1} + \frac{m(m-1)}{2}q^2 G_{m-2} + q^3\sum_{j=1}^{m-3}q^{m-j-3}\binom{m}{j}G_j + 2m\sum_{j=1}^{q-1}(-1)^j j^{m-1} = 0.$$

Pour m impair ≥ 5, on a $G_{m-2} = 0$ et l'on a

$$mqG_{m-1} + q^3\sum_{j=1}^{m-3}q^{m-j-3}\binom{m}{j}G_j + 2m\sum_{j=1}^{q-1}(-1)^j j^{m-1} = 0 \implies$$

$$qG_{m-1} = -q^3\sum_{j=0}^{m-4}q^{m-j-4}\binom{m-1}{j}\frac{G_{j+1}}{j+1} - 2\sum_{j=1}^{q-1}(-1)^j j^{m-1}$$

Posant $2n = m-1$ et compte tenu de $\left|\sum_{j=0}^{2n-3}q^{2n-j-3}\binom{2n}{j}\frac{G_{j+1}}{j+1}\right| \leq 1$, on obtient (3.65b).

En particulier, posant $q = 2$ dans cette relation, on obtient : $G_{2n} \equiv 1 \pmod{4\mathbb{Z}_{(p)}}$, pour $n \geq 2$. $\qquad\square$

3.2.3.4   Nombres de Genocchi généralisés attachés à un caractère.

Dans tout ce sous-paragraphe, p est un nombre premier impair.
Soit $\beta \neq 1$ une racine $(p-1)$-ième de l'unité fixée dans $\mathbb{Z}_p$ et soit $\psi : \mathbb{Z}_p \longrightarrow K$ une fonction $p^\ell \mathbb{Z}_p$-invariante.
On définit une suite $(B_{n,\psi,\beta})_{n \geq 0}$ d'éléments de K (voir par exemple [20]) en posant :

$$\sum_{a=0}^{p^\ell - 1} \frac{\psi(a)\beta^a z e^{az}}{\beta^{p^\ell} e^{p^\ell z} - 1} = \sum_{n \geq 0} B_{n,\psi,\beta} \frac{z^n}{n!}. \tag{3.66}$$

Les éléments $B_{n,\psi,\beta}$ de K, $n \geq 0$, sont appelés les nombres de Genocchi généralisés attachés à β et à ψ. Notons qu'ici, puisque $\beta^{p-1} = 1$, on a $\beta^{p^\ell} = \beta$. Cette façon d'étendre la définition de certaines suites arithmétiques est fréquente en théorie des nombres et en analyse p-adique (voir par exemple [20]).
Remarquons que si $\ell = 0$, on a $p^0 \mathbb{Z}_p = \mathbb{Z}_p$ et toute fonction invariante par $\mathbb{Z}_p$ est une fonction constante. La somme du membre de gauche de (3.66) se réduit donc à
$\psi(0) \dfrac{z}{\beta e^z - 1}$. On retrouve à un facteur -2 près les nombres de Genocchi lorsque $\ell = 0$, $\beta = -1$ et $\psi = \psi_0$ la fonction constante égale à 1.
Puisque le dénominateur dans la somme du membre de gauche de (3.66) ne s'annule pas en 0, prenant $z = 0$, on voit que $B_{0,\psi,\beta} = 0$, lorsque $\psi \neq \psi_0$.
La fonction génératrice des nombres de Genocchi généralisés, comme nous allons le voir peut se calculer à l'aide de la transformation de Laplace d'une mesure appropriée.

Lemme 3.2.47. *Soit p un nombre premier impair et soit $\psi : \mathbb{Z}_p \longrightarrow K$ une fonction continue $p^\ell \mathbb{Z}_p$-invariante. La transformation de Laplace de la mesure $\psi \nu_\beta$ est donnée par :*

$$\mathcal{L}_p(\psi \nu_\beta)(z) = (\beta - 1) \sum_{n \geq 0} \frac{B_{n+1,\psi,\beta}}{n+1} \frac{z^n}{n!}. \tag{3.67}$$

Démonstration. Soit p un nombre premier impair ; pour $z \in \mathcal{E}_p$, on a :

$$\int_{\mathbb{Z}_p} e^{tz} d(\psi \nu_\beta)(t) = \int_{\mathbb{Z}_p} e^{tz} \psi(t) d\nu_\beta(t) = \lim_{n \to \infty} \sum_{c=0}^{p^{n+\ell} - 1} \psi(c) e^{cz} \nu_\beta(c + p^{n+\ell} \mathbb{Z}_p).$$

Puisque $\nu_\beta(a + p^n \mathbb{Z}_p) = \beta^a$, on a

$$\sum_{c=0}^{p^{\ell+n} - 1} \psi(c) e^{cz} \nu_\beta(c + p^{n+\ell} \mathbb{Z}_p) = \sum_{a=0}^{p^\ell - 1} \sum_{b=0}^{p^n - 1} \psi(a + p^\ell b) e^{(a + p^\ell b)z} \nu_\beta(a + p^\ell b + p^{\ell+n} \mathbb{Z}_p)$$

$$= \sum_{a=0}^{p^\ell - 1} \psi(a) e^{az} \beta^a \times \sum_{b=0}^{p^n - 1} e^{p^\ell b z} \beta^{p^\ell b}.$$

Mais, en remarquant que $\beta^{p^k} = \beta$, $\forall k \geq 0$, nous voyons que :

$$\sum_{b=0}^{p^n-1} e^{p^\ell bz} \beta^{p^\ell b} = \sum_{b=0}^{p^n-1} \left(e^{p^\ell z} \beta \right)^b = \frac{\beta^{p^n} e^{p^{\ell+n}z} - 1}{\beta e^{p^\ell z} - 1} = \frac{\beta e^{p^{\ell+n}z} - 1}{\beta e^{p^\ell z} - 1}.$$

Sachant que la fonction exponentielle est continue et que $p^{\ell+n}$ tend vers zéro lorsque n tend vers l'infini, on a

$$\lim_{n\to\infty} \sum_{b=0}^{p^n-1} e^{p^\ell bz} \beta^{p^\ell b} = \lim_{n\to\infty} \frac{\beta e^{p^{\ell+n}z} - 1}{\beta e^{p^\ell z} - 1} = \frac{\beta - 1}{\beta e^{p^\ell z} - 1}.$$

On déduit de ces calculs que $\mathcal{L}_p(\psi\nu_\beta)(z) = (\beta - 1)\sum_{a=0}^{p^\ell-1} \frac{\psi(a)\beta^a e^{az}}{\beta e^{p^\ell z} - 1}$.

En particulier, lorsque $\ell = 0$ et $\psi = \psi_0 = 1$, on retrouve la transformation de Laplace de la mesure ν_β. $\qquad\square$

Pour $\ell = 0$, $\psi = \psi_0 = 1$ et $\beta = -1$ on obtient $-2\dfrac{B_{n+1,\psi_0,-1}}{n+1} = \dfrac{G_{n+1}}{n+1}$, où G_n est le n-ième nombre de Genocchi. De façon analogue, lorsque $\psi \neq \psi_0$ est une fonction $p^\ell\mathbb{Z}_p$-invariante de $\mathbb{Z}_p$ dans K, posons $-2\dfrac{B_{n+1,\psi,-1}}{n+1} = \dfrac{G_{n+1,\psi}}{n+1} = \displaystyle\int_{\mathbb{Z}_p} t^n \psi(t) d\nu_{-1}(t)$ et appelons $G_{n,\psi} = -2B_{n,\psi,-1}$ le n-ième nombre de Genocchi généralisé attaché à ψ. En utilisant (3.66) et (3.67), on voit que la série génératrice exponentielle des nombres de Genocchi $G_{n,\psi}$, $n \geq 0$, est :

$$2\sum_{a=0}^{p^\ell-1} \frac{(-1)^a \psi(a) z e^{az}}{1 + e^{p^\ell z}} = \sum_{n=0}^{+\infty} G_{n,\psi} \frac{z^n}{n!}.$$

On obtient immédiatement de cette relation que $G_{0,\psi} = 0$ et $G_{1,\psi} = \displaystyle\sum_{a=0}^{p^\ell-1} (-1)^a \psi(a)$, lorsque $\psi \neq \psi_0$.

Proposition 3.2.48. *Soient m un entier ≥ 1, p^ℓ une puissance de p et ψ une fonction $p^\ell\mathbb{Z}_p$-invariante. Les nombres de Genocchi généralisés $G_{m,\psi}$, $m \geq 0$, sont liés aux nombres de Genocchi G_m, $m \geq 0$, par la relation de récurrence suivante :*

$$G_{n,\psi} = \sum_{\substack{0 \leq a \leq p^\ell-1 \\ 1 \leq k \leq n}} (-1)^a \psi(a) a^{n-k} p^{(k-1)\ell} \binom{n}{k} G_k. \tag{3.68}$$

Démonstration. Avec les hypothèses et notations de la Proposition 3.2.48, pour $z \in \mathcal{E}_p$,

on a $\mathcal{L}_p(\psi\nu_{-1})(z) = \sum_{k \geq 0} \frac{G_{k+1,\psi}}{k+1} \frac{z^k}{k!} = \sum_{a=0}^{p^\ell-1} \frac{2(-1)^a\psi(a)e^{az}}{1+e^{p^\ell z}}.$

Puisque $\dfrac{2}{1+e^{p^\ell z}} = \sum_{k \geq 0} p^{k\ell} \dfrac{G_{k+1}}{k+1} \dfrac{z^k}{k!}$, on a

$$\mathcal{L}_p(\psi\nu_{-1})(z) = \sum_{a=0}^{p^\ell-1}(-1)^a\psi(a)e^{az}\sum_{k\geq 0}p^{k\ell}\frac{G_{k+1}}{k+1}\frac{z^k}{k!} =$$

$$\sum_{a=0}^{p^\ell-1}\sum_{j\geq 0}\sum_{k\geq 0}\psi(a)(-1)^a a^j p^{k\ell}\frac{G_{k+1}}{k+1}\frac{z^j}{j!}\frac{z^k}{k!} = \sum_{n\geq 0}\sum_{\substack{0\leq a\leq p^\ell-1 \\ k+j=n}}\psi(a)(-1)^a a^j p^{k\ell}\binom{n}{k}\frac{G_{k+1}}{k+1}\frac{z^n}{n!}.$$

Par identification, on a : $G_{n+1,\psi} = \sum_{\substack{0\leq a\leq p^\ell-1 \\ k+j=n}}(-1)^a\psi(a)a^j p^{k\ell}\frac{n+1}{k+1}\binom{n}{k}G_{k+1} =$

$$\sum_{\substack{0\leq a\leq p^\ell-1 \\ 0\leq k\leq n}}\psi(a)(-1)^a a^{n-k}p^{k\ell}\binom{n+1}{k+1}G_{k+1}.$$

D'où l'on obtient (3.68) en substituant n à $n+1$.   □

Proposition 3.2.49. *Soit p^ℓ une puissance de p et soit ψ une fonction $p^\ell\mathbb{Z}_p$-invariante. Pour $n \geq 1$, les éléments $G_{n,\psi}$ de K sont liés par la relation de récurrence ci-après:*

$$G_{n,\psi} = -\sum_{j=1}^{n}p^{(n-j)\ell}\binom{n}{j}G_{j,\psi} + 2n\sum_{k=0}^{p^\ell-1}(-1)^k\psi(k)k^{n-1}, \ si \ n\geq 1. \tag{3.69}$$

Démonstration. Soit $f : \mathbb{Z}_p \longrightarrow K$ une fonction continue et soit $\beta \neq 1$ une racine $(p-1)$-ième de l'unité ; puisque $\psi(t+p^\ell) = \psi(t)$ pour $t \in \mathbb{Z}_p$, en appliquant le Lemme 3.2.34 - (3.46) pour la fonction continue $f\psi$, on a :

$$\int_{\mathbb{Z}_p} f(t)\psi(t)d\nu_\beta(t) = \beta\int_{\mathbb{Z}_p} f(t+p^\ell)\psi(t)d\nu_\beta(t) + (1-\beta)\sum_{k=0}^{p^\ell-1}f(k)\beta^k\psi(k).$$

Posant $f(t) = t^m$ pour $m \geq 0$, et considérant que $(t+p^\ell)^m = \sum_{k=0}^{m}p^{(m-k)\ell}\binom{m}{k}t^k$, on obtient pour $\beta = -1$:

$$
\frac{G_{m+1,\psi}}{m+1} = -\sum_{k=0}^{m} p^{(m-k)\ell} \binom{m}{k} \frac{G_{k+1,\psi}}{k+1} + 2\sum_{k=0}^{p^\ell-1} k^m (-1)^k \psi(k) \implies
$$

$$
G_{m+1,\psi} = -\sum_{k=0}^{m} p^{(m-k)\ell} \binom{m+1}{k+1} G_{k+1,\psi} + 2(m+1)\sum_{k=0}^{p^\ell-1} (-1)^k k^m \psi(k)
$$

$$
= -\sum_{k=1}^{m+1} p^{(m+1-k)\ell} \binom{m+1}{k} G_{k,\psi} + 2(m+1)\sum_{k=0}^{p^\ell-1} (-1)^k k^m \psi(k).
$$

D'où, en posant $n = m + 1$, on déduit (3.69). En particulier, si $n = 1$, on retrouve l'égalité $G_{1,\psi} = \sum_{a=0}^{p^\ell-1} (-1)^a \psi(a)$. $\qquad\square$

Dans ce qui suit, nous posons $\ell(\psi) = \ell(\psi\nu_{-1}) = \left[-\log_p \|\psi\nu_{-1}\| \right]$ la partie entière du nombre réel $-\log_p \|\psi\nu_{-1}\|$, comme dans le Lemme 2.1.1, où $\log_p$ désigne le logarithme à base p.

Corollaire 3.2.50. *Soit n un entier ≥ 1 et soit ψ une fonction $p^\ell \mathbb{Z}_p$-invariante telle que $2\ell + \ell(\psi) > 0$. On a les congruences suivantes :*

$$
\frac{G_{n,\psi}}{n} \equiv \frac{-1}{2} p^\ell G_{n-1,\psi} + \sum_{k=0}^{p^\ell-1} (-1)^k \psi(k) k^{n-1} \pmod{p^{2\ell+\ell(\psi)}}, \tag{3.70}
$$

Démonstration. Soit ψ une fonction localement constante $p^\ell \mathbb{Z}_p$-invariante. Puisque $G_{0,\psi} = 0$, $G_{1,\psi} = \sum_{a=0}^{p^\ell-1} (-1)^a \psi(a)$ et $G_{2,\psi} = -p^\ell G_{1,\psi} + 2\sum_{k=0}^{p^\ell-1} (-1)^k \psi(k)k$, la relation (3.70) est triviale pour $n = 1$ et $n = 2$.
Supposons que $n \geq 3$. De la relation (3.69) on a :

$$
2G_{n,\psi} = -np^\ell G_{n-1,\psi} - np^{2\ell} \sum_{j=1}^{n-2} p^{(n-j-2)\ell} \binom{n-1}{j-1} \frac{G_{j,\psi}}{j} + 2n \sum_{k=0}^{p^\ell-1} (-1)^k \psi(k) k^{n-1}.
$$

Mais, puisque $\dfrac{G_{n,\psi}}{n}$ est le $(n-1)$-ième moment de la mesure $\psi\nu_{-1}$, on a :

$$
\left| \sum_{j=1}^{n-2} p^{(n-j-2)\ell} \binom{n-1}{j-1} \frac{G_{j,\psi}}{j} \right| \leq \max_{1\leq j\leq n-2} \left| \frac{G_{j,\psi}}{j} \right| \leq \|\psi\nu_{-1}\| \leq |p|^{\ell(\psi)}.
$$

D'où l'on déduit les congruences (3.70), car pour $p \geq 3$, 2 est une unité dans $\mathbb{Z}_p$. $\qquad\square$

Théorème 3.2.51. *Soit p un nombre premier ≥ 3 et soit ψ une fonction $p^\ell \mathbb{Z}_p$-invariante. Les nombres de Genocchi généralisés $G_{n,\psi}$, $n \geq 0$, satisfont aux congruences suivantes :*

$$\frac{G_{rp^k+s,\psi}}{rp^k+s} \equiv \frac{G_{rp^{k-1}+s,\psi}}{rp^{k-1}+s} \quad (\mathrm{mod}\ p^{k+\ell(\psi)}), \tag{3.71}$$

où r, k et s sont des entiers tels que $(r,\,p) = 1$, $k + \ell(\psi) \geq 1$ et $s \geq 1$.

Démonstration. Rappelons, Lemme 3.2.47, que la transformation de Laplace de la mesure $\psi\nu_{-1}$ est telle que $\mathcal{L}_p(\psi\nu_{-1}) = -2\sum n \geq 0 \dfrac{B_{n+1,\psi,-1}}{n+1} \dfrac{z^n}{n!} = \displaystyle\sum_{n\geq 0} \dfrac{G_{n+1,\psi}}{n+1} \dfrac{z^n}{n!}$. On en déduit que le moment d'ordre n de la mesure $\psi\nu_{-1}$ est égal à $m_{n,\psi} = \dfrac{G_{n+1,\psi}}{n+1}$. Par conséquent, appliquant le Lemme 2.1.1 à la mesure $\psi\nu_{-1}$ nous obtenons (3.71), avec $\ell(\psi) = \ell(\psi\nu_{-1})$. $\qquad\square$

3.2.3.5   Nombres d'Euler attachés à un caractère.

Soit p un nombre premier impair.
Soit n un entier ≥ 0 ; rappelons que le n-ième nombre d'Euler, E_n, est donné par la formule de Witt

$$E_n = \int_{\mathbb{Z}_p} (2t+1)^n d\nu_{-1}(t).$$

De façon analogue, lorsque ℓ est un entier ≥ 0 et ψ une fonction $p^\ell \mathbb{Z}_p$-invariante, posons :

$$E_{n,\psi} = \int_{\mathbb{Z}_p} (2t+1)^n \psi(t) d\nu_{-1}(t),$$

et appelons $E_{n,\psi}$ le n-ième nombre d'Euler généralisé attaché à ψ. Avec cette définition, et puisque $(2t+1)^n = \displaystyle\sum_{j=0}^{n} 2^j \binom{n}{j} t^j$, on voit que les nombres $E_{n,\psi}$, $n \geq 0$, et $G_{n,\psi}$, $n \geq 0$, sont liées par la relation $E_{n,\psi} = \displaystyle\sum_{j=0}^{n} 2^j \binom{n}{j} \frac{G_{j+1,\psi}}{j+1}$.

Proposition 3.2.52. *Soit ℓ un entier ≥ 0 et soit ψ une fonction $p^\ell \mathbb{Z}_p$-invariante. La série génératrice exponentielle des nombres d'Euler généralisés $E_{n,\psi}$, $n \geq 0$, est donnée par:*

$$\sum_{n\geq 0} E_{n,\psi} \frac{z^n}{n!} = \sum_{a=0}^{p^\ell-1} \frac{2(-1)^a \psi(a)e^{(2a+1)z}}{1+e^{2p^\ell z}}. \tag{3.72}$$

De plus, les nombres d'Euler généralisés $E_{n,\psi}$, $n \geq 0$, sont liés aux nombres de Stirling $S_\psi(n, j)$, $n \geq 0$, par la relation ci-après :

$$E_{n,\psi} = 2 \sum_{k \geq 0} k! c_k S_\psi(n, k). \tag{3.73}$$

Démonstration. Soit ψ une fonction $p^\ell \mathbb{Z}_p$-invariante. Pour $z \in \mathcal{E}_p$, on a :

$$\sum_{n \geq 0} E_{n,\psi} \frac{z^n}{n!} = \sum_{n \geq 0} \int_{\mathbb{Z}_p} (2t+1)^n \psi(t) d\nu_{-1}(t) \frac{z^n}{n!} = \int_{\mathbb{Z}_p} \sum_{n \geq 0} (2t+1)^n \frac{z^n}{n!} d(\psi \nu_{-1})(t)$$

$$= \int_{\mathbb{Z}_p} e^{(2t+1)z} d(\psi \nu_{-1})(t)$$

On obtient la relation (3.72) en remarquant que
$$\int_{\mathbb{Z}_p} e^{(2t+1)z} d(\psi \nu_{-1})(t) = e^z \int_{\mathbb{Z}_p} e^{2tz} d(\psi \nu_{-1})(t) = e^z \mathcal{L}_p(\psi \nu_{-1})(2z) \text{ et que}$$

$$\mathcal{L}_p(\psi \nu_{-1})(z) = \sum_{a=0}^{p^\ell - 1} \frac{2(-1)^a \psi(a) e^{az}}{1 + e^{p^\ell z}} \text{ (voir la démonstration de la Proposition 3.2.18).}$$

D'autre part, on a :
$$\sum_{n \geq 0} E_{n,\psi} \frac{z^n}{n!} = \sum_{\zeta \in R_{p^\ell}} h_\psi(\zeta) S_{2\mu_1}(\zeta e^z - 1) = 2 \sum_{\zeta \in R_{p^\ell}} h_\psi(\zeta) \sum_{k \geq 0} c_k(\zeta e^z - 1)^k. \text{ Mais}$$

$$\sum_{\zeta \in R_{p^\ell}} h_\psi(\zeta) \sum_{k \geq 0} c_k(\zeta e^z - 1)^k = \sum_{k \geq 0} c_k \sum_{\zeta \in R_{p^\ell}} h_\psi(\zeta)(\zeta e^z - 1)^k = \sum_{k \geq 0} c_k \overbrace{k! \sum_{n \geq 0} S_\psi(n, k) \frac{z^n}{n!}}^{\text{d'après la relation (3.24)}} =$$

$$\sum_{n \geq 0} \left[\sum_{k \geq 0} k! c_k S_\psi(n, k) \right] \frac{z^n}{n!} \text{ ; donc } \sum_{n \geq 0} E_{n,\psi} \frac{z^n}{n!} = 2 \sum_{n \geq 0} \left[\sum_{k \geq 0} k! c_k S_\psi(n, k) \right] \frac{z^n}{n!}.$$

D'où par identification, on déduit (3.73). $\qquad \square$

Dans la Proposition qui suit, nous allons donner une relation liant les suites de nombres $E_{n,\psi}$, $n \geq 0$, et E_n, $n \geq 0$.

Proposition 3.2.53. *Les nombres d'Euler généralisés $E_{n,\psi}$, $n \geq 0$, sont liés aux nombres d'Euler E_n, $n \geq 0$, par la relation:*

$$E_{m,\psi} = \sum_{\substack{0 \leq n \leq m \\ 0 \leq a \leq p^\ell - 1}} (-1)^a \psi(a)(2a + 1 - p^\ell)^{m-n} p^{n\ell} \binom{m}{n} E_n. \tag{3.74}$$

Démonstration. On a $\displaystyle\sum_{a=0}^{p^\ell-1} \frac{2(-1)^a\psi(a)e^{(2a+1)z}}{1+e^{2p^\ell z}} = \sum_{a=0}^{p^\ell-1} \frac{2(-1)^a\psi(a)e^{(2a+1-p^\ell)z}}{\mathrm{ch}(p^\ell z)}$ et comme

$\displaystyle\frac{1}{\mathrm{ch}(p^\ell z)} = \sum_{n\geq 0} E_n \frac{(p^\ell z)^n}{n!}$ et $e^{(2a+1-p^\ell)z} = \displaystyle\sum_{k\geq 0}(2a+1-p^\ell)^k\frac{z^k}{k!}$, on obtient

$$
\begin{aligned}
\sum_{a=0}^{p^\ell-1} \frac{2(-1)^a\psi(a)e^{(2a+1)z}}{1+e^{2p^\ell z}} &= \sum_{a=0}^{p^\ell-1}(-1)^a\psi(a)\sum_{n,k\geq 0}(2a+1-p^\ell)^k E_n \frac{1}{k!n!}z^{n+k} \\
&= \sum_{m=0}^{+\infty}\left[\sum_{n+k=m}\sum_{a=0}^{p^\ell-1}(-1)^a\psi(a)(2a+1-p^\ell)^k p^{n\ell} E_n\right]\frac{z^m}{m!}
\end{aligned}
$$

D'où par identification, on obtient (3.74). $\qquad\square$

Corollaire 3.2.54. *Les nombres d'Euler généralisés satisfont les congruences suivantes :*

$$
E_{m,\psi} \equiv \sum_{a=0}^{p^\ell-1}(-1)^a\psi(a)(2a+1-p^\ell)^m \quad (\mathrm{mod}\; p^{2\ell+\ell(\psi)}),\; m \geq 2. \tag{3.75}
$$

Démonstration. Soit m un entier ≥ 2. De la relation (3.74) on obtient par décomposition :

$$
\begin{aligned}
E_{m,\psi} &= \sum_{0\leq a\leq p^\ell-1}(-1)^a\psi(a)(2a+1-p^\ell)^m + mp^\ell E_1\sum_{0\leq a\leq p^\ell-1}(-1)^a\psi(a)(2a+1-p^\ell)^{m-1} \\
&\quad + p^{2\ell}\sum_{\substack{2\leq n\leq m \\ 0\leq a\leq p^\ell-1}}(-1)^a\psi(a)(2a+1-p^\ell)^{m-n}p^{(n-2)\ell}\binom{m}{n}E_n
\end{aligned}
$$

Puisque $\left|\displaystyle\sum_{\substack{2\leq n\leq m \\ 0\leq a\leq p^\ell-1}}(-1)^a\psi(a)(2a+1-p^\ell)^{m-n}p^{(n-2)\ell}\binom{m}{n}E_n\right| \leq \displaystyle\max_{0\leq a\leq p^\ell-1}\left|\psi(a)\right| \leq |p|^{\ell(\psi)}$ et $E_1 = 0$, on obtient (3.75). $\qquad\square$

3.2.4   Les mesures μ_ζ.

3.2.4.1   Quelques généralités sur les mesures μ_ζ.

Soit $\mathbb{C}_p$ le complété de la clôture algébrique de $\mathbb{Q}_p$.

Dans le but de définir et étudier les fonctions zeta p-adiques, N. Koblitz a défini dans [21] les mesures μ_ζ sur $\mathbb{Z}_p$, lorsque $\zeta \in \mathbb{C}_p$ est une racine de l'unité, distincte de 1, d'ordre premier à p, en posant :

$$\mu_\zeta(a + p^n \mathbb{Z}_p) = \frac{\zeta^a}{1 - \zeta^{p^n}},$$

où n et a sont des entiers tels que $n \geq 0$ et $0 \leq a \leq p^n - 1$. Notons que l'on a $|1 - \zeta| = 1$. De la même manière, on peut définir la mesure μ_z en considérant à la place de ζ tout $z \in \mathbb{C}_p$ tel que $|1 - z| \geq 1$. C'est ce que fait L. Van. Hamme dans [33] pour définir et étudier ce qu'il appelle la Z-transformation p-adique d'une fonction continue $f : \mathbb{Z}_p \longrightarrow K$.

Les mesures μ_ζ sont telles que $\|\mu_\zeta\| = \dfrac{1}{|\zeta|} < 1$, lorsque $|\zeta| > 1$ et $\|\mu_\zeta\| = 1$, lorsque $|1 - \zeta| \geq 1$ et $|\zeta| \leq 1$.

Si l'on suppose que $\zeta = \beta \neq 1$ est une racine $(p-1)$-ième de l'unité dans $\mathbb{Z}_p$, alors $\beta^{p^n} = \beta, \forall n \geq 0$. Ainsi $\mu_\beta(a + p^n \mathbb{Z}_p) = \dfrac{\beta^a}{1 - \beta} = \dfrac{1}{1-\beta} \nu_\beta(a + p^n \mathbb{Z}_p)$ lorsque n et a sont des entiers tels que $n \geq 0$ et $0 \leq a \leq p^n - 1$. On en déduit que $\nu_\beta = (1 - \beta)\mu_\beta$.

Dans la suite, on suppose que ζ est un élément de K un sur-corps valué complet de $\mathbb{Q}_p$ tel que $|1 - \zeta| \geq 1$.

Lemme 3.2.55. *La transformation de Laplace de μ_ζ est donnée pour $z \in \mathcal{E}_p$ par :*

$$\mathcal{L}_p(\mu_\zeta)(z) = \frac{1}{1 - \zeta e^z}.$$

Démonstration. Pour $z \in \mathcal{E}_p$, on a :

$$\int_{\mathbb{Z}_p} e^{tz} d\mu_\zeta(t) = \lim_{n \to \infty} \sum_{a=0}^{p^n - 1} e^{az} \mu_\zeta(a + p^n \mathbb{Z}_p) = \lim_{n \to \infty} \sum_{a=0}^{p^n-1} \frac{\zeta^a e^{az}}{1 - \zeta^{p^n}} = \lim_{n \to +\infty} \frac{1}{1 - \zeta^{p^n}} \sum_{a=0}^{p^n-1} (\zeta e^z)^a.$$

Comme $\displaystyle\sum_{a=0}^{p^n-1} (\zeta e^z)^a = \frac{1 - \zeta^{p^n} e^{p^n z}}{1 - \zeta e^z}$, on a $\displaystyle\int_{\mathbb{Z}_p} e^{tz} d\mu_\zeta(t) = \frac{1}{1 - \zeta e^z} \lim_{n \to \infty} \frac{1 - \zeta^{p^n} e^{p^n z}}{1 - \zeta^{p^n}}$.

Mais puisque $\dfrac{1 - \zeta^{p^n} e^{p^n z}}{1 - \zeta^{p^n}} = 1 - \dfrac{\zeta^{p^n}(e^{p^n z} - 1)}{1 - \zeta^{p^n}} = 1 - \zeta(e^{p^n z} - 1)\mu_\zeta(p^n - 1 + p^n \mathbb{Z}_p)$ et que $|\mu_\zeta(p^n - 1 + p^n \mathbb{Z}_p)| \leq \|\mu_\zeta\| \leq 1$, on a $\left|\zeta(e^{p^n z} - 1)\mu_\zeta(p^n - 1 + p^n \mathbb{Z}_p)\right| \leq |\zeta| \left|e^{p^n z} - 1\right| \to 0$. Par conséquent $\displaystyle\lim_{n \to \infty} \frac{1 - \zeta^{p^n} e^{p^n z}}{1 - \zeta^{p^n}} = 1$ et l'on a :

$$\mathcal{L}_p(\mu_\zeta)(z) = \frac{1}{1 - \zeta e^z}.$$

$\square$

Soit $\zeta \in K$ tel que $|\zeta - 1| \geq 1$; on vérifie comme ci-dessus que :

(a) Si $|\zeta| < 1$, on a $\dfrac{|\zeta|}{|1-\zeta|} = |\zeta| < 1$.

(b) Si $|\zeta| = 1$, alors $|1-\zeta| = 1$, sinon on aurait $|\zeta| = |(\zeta - 1) + 1| = |\zeta - 1| > 1$ ce qui est absurde car $|\zeta| = 1$. Donc, lorsque $|\zeta| = 1$, on a nécessairement $|1 - \zeta| = 1$; dans ce cas on a $\dfrac{|\zeta|}{|1-\zeta|} = 1$.

(c) Si $|\zeta| > 1$, on a $\dfrac{|\zeta|}{|1-\zeta|} = \dfrac{|\zeta|}{|\zeta|} = 1$.

Ainsi pour tout $\zeta \in K \setminus \{0\}$ tel que $|\zeta - 1| \geq 1$, on a $\dfrac{|\zeta|}{|1-\zeta|} \leq 1$.

On en déduit aussitôt que l'ensemble des $\zeta \in K$ tels que $|\zeta - 1| \geq 1$ est stable par l'application $\zeta \longrightarrow \zeta^{-1}$.

Proposition 3.2.56. *Soit K un sur-corps valué complet de $\mathbb{Q}_p$ et soit $\zeta \in K$ tel que $|\zeta - 1| \geq 1$.*
La transformation de Fourier de la mesure μ_ζ est telle que pour $y \in K$, $|y| < 1$, on a
$$\mathcal{F}(\mu_\zeta)(y) = \sum_{n \geq 0} \frac{\zeta^n}{(1-\zeta)^{n+1}} y^n.$$

Le développement faible de la mesure μ_ζ est alors tel que $\mu_\zeta = \displaystyle\sum_{n \geq 0} \frac{\zeta^n}{(1-\zeta)^{n+1}} \omega^n$.

De plus μ_ζ est inversible d'inverse $(1-\zeta)\delta_0 - \zeta\omega$.

Démonstration. On a démontré ci-dessus que pour $z \in \mathcal{E}_p$, on a $\mathcal{L}_p(\mu_\zeta)(z) = \dfrac{1}{1 - \zeta e^z}$.
Mais pour $\zeta \in K$ tel que $|\zeta - 1| \geq 1$, on a

$$\frac{1}{1 - \zeta e^z} = \frac{1}{(1-\zeta) - \zeta(e^z - 1)} = \frac{1}{1-\zeta} \times \frac{1}{1 - \frac{\zeta}{1-\zeta}(e^z - 1)} = \sum_{n \geq 0} \frac{\zeta^n}{(1-\zeta)^{n+1}}(e^z - 1)^n.$$

Ainsi on a

$$\mathcal{L}_p(\mu_\zeta)(z) = \sum_{n \geq 0} \frac{\zeta^n}{(1-\zeta)^{n+1}}(e^z - 1)^n = \mathcal{F}(\mu_\zeta) \circ e(z). \tag{3.76}$$

Il vient que pour tout $y = e^z - 1 \in \mathcal{E}_p$, on a $\mathcal{F}(\mu_\zeta)(y) = \displaystyle\sum_{n \geq 0} \frac{\zeta^n}{(1-\zeta)^{n+1}} y^n$.

Comme $\displaystyle\sup_{n \geq 0} \frac{|\zeta|^n}{|1-\zeta|^{n+1}} = \frac{1}{|1-\zeta|} \leq 1$, on voit que la série $\displaystyle\sum_{n \geq 0} \frac{\zeta^n}{(1-\zeta)^{n+1}} y^n$ converge pour tout $y \in K$ tel que $|y| < 1$. Il vient que l'on a ainsi la transformation de Fourier de μ_ζ.

Sachant que la transformation de Fourier est un isomorphisme isométrique de l'algèbre de Banach des mesures $M(\mathbb{Z}_p, K)$ sur l'algèbre de Banach $\mathcal{A}_b(D^-(0, 1), K)$ des fonctions analytiques bornées sur le disque ouvert $D^-(0, 1)$, on voit que $\mu_\zeta = \sum_{n \geq 0} \frac{\zeta^n}{(1 - \zeta)^{n+1}} \omega^n$.

D'autre part, posant $y = e^z - 1$ dans (3.76), on obtient $\frac{1}{(1 - \zeta) - \zeta y} = \sum_{n \geq 0} \frac{\zeta^n}{(1 - \zeta)^{n+1}} y^n$.

On voit ainsi que la mesure μ_ζ est inversible d'inverse $(1 - \zeta)\delta_0 - \zeta\omega$. $\qquad\square$

Remarques 3.2.10. Soit Q_n le n-ième polynôme binomial.

(a) On a $\langle \mu_\zeta, Q_n \rangle = \frac{\zeta^n}{(1 - \zeta)^{n+1}}$. Par conséquent, puisque $t^n = \sum_{j=0}^{n} j! S(n, j) Q_j$, le moment d'ordre n de la mesure μ_ζ est tel que :

$$m_{n,\zeta} = \sum_{j=0}^{n} j! S(n, j) \frac{\zeta^j}{(1 - \zeta)^{j+1}}. \qquad (3.77)$$

(b) Si $\zeta \in K$ est tel que $|\zeta| < 1$, on a le développement en série de μ_ζ, avec convergence en norme, sous la forme $\mu_\zeta = \sum_{n \geq 0} \zeta^n \delta_1^n = (\delta_0 - \zeta\delta_1)^{-1}$.

Proposition 3.2.57. *Soit $\zeta \in K$ tel que $|1 - \zeta| \geq 1$. Les moments de la mesure μ_ζ sont donnés par :*

$$m_{n,\zeta} = \sum_{k \geq 0} k^n \zeta^k, \quad \textit{lorsque } |\zeta| < 1, \qquad (3.78a)$$

$$m_{n,\zeta} = (-1)^{n+1} \sum_{k \geq 1} \zeta^{-k} k^n, \quad \textit{lorsque } |\zeta| > 1. \qquad (3.78b)$$

Démonstration. Pour $\zeta \in K$ tel que $|\zeta| < 1$, on a la convergence en norme $\mu_\zeta = \sum_{n \geq 0} \zeta^n \delta_1^n$.

Puisque la transformation de Laplace est un homomorphisme continu d'algèbres de Banach, on a $\mathcal{L}_p(\mu_\zeta) = \sum_{n \geq 0} \zeta^n \mathcal{L}_p(\delta_1)^n$; donc pour $z \in \mathcal{E}_p$, on a :

$$\mathcal{L}_p(\mu_\zeta)(z) = \sum_{n \geq 0} \zeta^n \mathcal{L}_p(\delta_1)^n(z) = \sum_{k \geq 0} \zeta^k e^{kz} = \sum_{n \geq 0} \Big(\sum_{k \geq 0} \zeta^k k^n \Big) \frac{z^n}{n!}.$$

D'où l'on déduit la relation (3.78a).

Soit $\zeta \in K$ tel que $|\zeta| > 1$, on a :

$$\mu_\zeta = [(1-\zeta)\delta_0 - \zeta\omega]^{-1} = [\delta_0 - \zeta\delta_1]^{-1} = -\zeta^{-1}\delta_{-1} \star (\delta_0 - \zeta^{-1}\delta_{-1})^{-1} = -\sum_{k\geq 1}\zeta^{-k}\delta_{-k}.$$

Ainsi, comme la série donnant μ_ζ converge en norme, raisonnant comme pour $|\zeta| < 1$, on voit que $m_{n,\zeta} = -\sum_{k\geq 1}\zeta^{-k}m_{n,\delta_{-k}} = -\sum_{k\geq 1}\zeta^{-k}(-k)^n = (-1)^{n+1}\sum_{k\geq 1}\zeta^{-k}k^n$.

Dans ce cas, on déduit que $\mu_{\frac{1}{2}} = [\frac{1}{2}(\delta_0 - \omega)]^{-1} = 2(\delta_0 - \omega)^{-1}$.   □

Corollaire 3.2.58. *On a les identités suivantes :*

$$\sum_{k=0}^{n} k!S(n,\ k)\frac{\zeta^k}{(1-\zeta)^{k+1}} = \sum_{k\geq 0}\zeta^k k^n, \ lorsque \ |\zeta| < 1, \tag{3.79a}$$

$$\sum_{k=0}^{n} k!S(n,\ k)\frac{\zeta^k}{(1-\zeta)^{k+1}} = (-1)^{n+1}\sum_{k\geq 1}\zeta^{-k}k^n, \ lorsque \ |\zeta| > 1. \tag{3.79b}$$

Les relations (3.79a) et (3.79b) s'obtiennent en comparant (3.77) respectivement aux relations (3.78a) et (3.78b).

Remarque 3.2.11. Rappelons d'abord que si $\zeta = \beta$ est une racine $(p-1)$-ième de l'unité dans $\mathbb{Z}_p$ différente de 1, alors $\mu_\beta = \dfrac{1}{1-\beta}\nu_\beta$.

Ju. V. Osipov a défini (cf. [27]) une "transformation de Fourier" p-adique pour les fonctions continues $f \in \mathcal{C}(\mathbb{Z}_p, K)$, en posant pour $x \in \mathbb{Z}_p$:

$$Ff(x) = \int_{\mathbb{Z}_p} f(t)e^{-pxt}d\mu_\beta(t).$$

Étandant quelque peu le domaine de définition de Ff, on voit que pour $z \in \mathcal{E}_p$, on a

$$Ff\left(\frac{-z}{p}\right) = \mathcal{L}_p(f\mu_\beta)(z).$$

3.2.4.2   Nombres et polynômes eulériens.

Les nombres et polynômes Eulériens (cf. [4, 11]), notés respectivement $A(n,\ k)$ et $A_n(t)$ (à ne pas confondre avec les nombres et polynômes d'Euler) ont pour série génératrice :

$$F(x,\ t) = \frac{1-t}{1-te^{x(1-t)}} = 1 + \sum_{n\geq 1}\sum_{k=1}^{n} A(n,\ k)\frac{x^n}{n!}t^k = \sum_{n\geq 0} A_n(t)\frac{x^n}{n!}. \tag{3.80}$$

Les nombres $A(n, k)$ vérifient la relation de récurrence suivante :

$$A(n + 1, k) = (n - k + 2)A(n, k - 1) + kA(n, k),$$

avec les conditions initiales : $A(n, 1) = 1$ pour $n \geq 0$ et $A(0, k) = 0$ si $k \geq 2$. On montre en utilisant la relation (3.80) que $A_0(t) = 1$ et :

$$A(n, k) = \sum_{0 \leq j \leq k} (-1)^j \binom{n + 1}{j} (k - j)^n,$$

$$A_n(t) = \sum_{k=1}^{n} A(n, k)t^k \quad \text{pour } n \geq 1.$$

Nous allons voir que les moments des mesures μ_ζ pour ζ parcourant le disque ouvert de centre 0 et de rayon 1 ont des liens très forts avec les polynômes eulériens. On retrouve de cette manière une identité fonctionnelle établie en analyse combinatoire pour les séries formelles (voir par exemple L. Comtet [4, Theorem F p. 245]).

Théorème 3.2.59. *Soit n un entier ≥ 0, et soit $\zeta \in K$ tel que $|1 - \zeta| \geq 1$. On a:*

$$\sum_{k \geq 0} \zeta^k k^n = \frac{A_n(\zeta)}{(1 - \zeta)^{n+1}}, si \ |\zeta| < 1 \tag{3.81a}$$

$$\sum_{k \geq 0} \zeta^{-k} k^n = \frac{(-1)^{n+1} A_n(\zeta)}{(1 - \zeta)^{n+1}}, \ si \ |\zeta| > 1. \tag{3.81b}$$

Démonstration. De la relation (3.80), on voit que $F\left(\dfrac{z}{1 - \zeta}, \zeta\right) = \dfrac{1 - \zeta}{1 - \zeta e^z}$.

Ainsi, pour tout $\zeta \in K$ tel que $|\zeta - 1| \geq 1$ et tout élément $z \in \mathcal{E}_p$, on a :

$$\mathcal{L}_p(\mu_\zeta)(z) = \frac{1}{1 - \zeta e^z} = \frac{1}{1 - \zeta} F\left(\frac{z}{1 - \zeta}, \zeta\right) = \sum_{n \geq 0} \frac{A_n(\zeta)}{(1 - \zeta)^{n+1}} \frac{z^n}{n!}.$$

Ainsi, le moment d'ordre n de μ_ζ est $m_{n,\zeta} = \dfrac{A_n(\zeta)}{(1 - \zeta)^{n+1}}$.

– Lorsque $\zeta \in K$ est tel que $|\zeta| < 1$, on a $m_{n,\zeta} = \sum_{k \geq 0} k^n \zeta^k$ (Proposition 3.2.57-(3.78a)) et l'on déduit la relation (3.81a).

– Lorsque $\zeta \in K$ est tel que $|\zeta| > 1$, on a $m_{n,\zeta} = (-1)^{n+1} \sum_{k \geq 1} \zeta^{-k} k^n$ pour $n \geq 0$ (Proposition 3.2.57-(3.78b)) et l'on déduit immédiatement (3.81b).

$\square$

Corollaire 3.2.60. *Les polynômes eulériens $A_n(t)$ satisfont aux relations suivantes :*

$$A_{n+1}(t) = (n+1)tA_n(t) + t(1-t)\frac{d}{dt}A_n(t) \tag{3.82a}$$

$$\frac{d}{dt}A_n(t) = \sum_{j=0}^{n-1}\binom{n+1}{j}(1-t)^{n-j-1}A_j(t), \quad pour \ n \geq 1. \tag{3.82b}$$

Démonstration. Il suffit de démontrer le Corollaire 3.2.60 pour $t \in K$ tel que $|t| < 1$. Lorsque n est un entier ≥ 1, les polynômes eulériens $A_n(t)$ sont tels que

$$\frac{A_n(t)}{(1-t)^{n+1}} = \sum_{k \geq 0} t^k k^n = \sum_{k \geq 1} t^k k^n, \ \text{pour } |t| < 1 \text{ (Théorème 3.2.59).}$$

1. En dérivant les deux membres de cette relation par rapport à t, on obtient :

$$\frac{1}{(1-t)^{n+2}}\left[(1-t)\frac{d}{dt}A_n(t) + (1+n)A_n(t)\right] = \sum_{k \geq 1} t^{k-1}k^{n+1} = t^{-1}\frac{A_{n+1}(t)}{(1-t)^{n+2}}$$

Par conséquent, on a :

$$(1-t)\frac{d}{dt}A_n(t) + (1+n)A_n(t) = t^{-1}A_{n+1}(t) \quad \Longrightarrow$$

$$A_{n+1}(t) = (n+1)tA_n(t) + t(1-t)\frac{d}{dt}A_n(t).$$

Ceci achève la démonstration de la relation polynomiale (3.82a) pour $|t| < 1$.

2. Écrivant l'égalité $\dfrac{A_n(t)}{(1-t)^{n+1}} = \sum_{k \geq 0} t^k k^n$ sous la forme $A_n(t) = (1-t)^{n+1}\sum_{k \geq 0} t^k k^n$, pour $|t| < 1$ et dérivant par rapport à t, on obtient :

$$\begin{aligned}
\frac{d}{dt}A_n(t) &= (1-t)^n\left[-(n+1)\sum_{k \geq 0} t^k k^n + (1-t)\sum_{k \geq 1} t^{k-1}k^{n+1}\right] \\
&= (1-t)^n\left[-(n+1)\sum_{k \geq 0} t^k k^n + \sum_{k \geq 0} t^k(k+1)^{n+1} - \sum_{k \geq 0} t^k k^{n+1}\right] \\
&= (1-t)^n\sum_{k \geq 0} t^k\left[-(1+n)k^n + (k+1)^{n+1} - k^{n+1}\right].
\end{aligned}$$

Puisque $(k+1)^{n+1} = \sum_{j=0}^{n-1}\binom{n+1}{j}k^j + (n+1)k^n + k^{n+1}$, on a

$$\frac{d}{dt}A_n(t) = (1-t)^n\sum_{k \geq 0} t^k\left[\sum_{j=0}^{n-1}\binom{n+1}{j}k^j\right] = (1-t)^n\sum_{j=0}^{n-1}\binom{n+1}{j}\left[\sum_{k \geq 0} t^k k^j\right].$$

D'où $\dfrac{d}{dt}A_n(t) = \sum\limits_{j=0}^{n-1}\binom{n+1}{j}(1-t)^{n-j-1}A_j(t)$, lorsque $|t| < 1$.

On obtient donc ainsi la relation polynomiale (3.82b).

$\square$

Comme pour les nombres de Stirling de première et de deuxième espèce, les nombres eulériens $A(n,\,m)$ sont nuls lorsque m et n sont des entiers tels que $m > n$; signalons que ceci découle directement de la relation (3.80). Utilisant les moments de la mesure μ_ζ, nous allons donner quelques expressions de ces nombres lorsque $0 \leq m \leq n$.

Proposition 3.2.61. *Soient n et m deux entiers tels que $0 \leq m \leq n$. On a :*

$$A(n,\,m) = \sum_{j=0}^{m}(-1)^{m-j}j!\binom{n-j}{m-j}S(n,\,j), \tag{3.83a}$$

$$A(n,\,m) = \sum_{j+k=m}(-1)^j k^n\binom{n+1}{j}, \quad si \ m = n = 0 \ ou \ m \neq 0 \tag{3.83b}$$

Démonstration. Si $\zeta \in K$ tel que $|\zeta - 1| \geq 1$, on peut écrire les moments de μ_ζ en fonction des coefficients du développement faible de μ_ζ. Ainsi, on a

$$\sum_{j=0}^{n}j!S(n,\,j)\frac{\zeta^j}{(1-\zeta)^{j+1}} = m_{n,\zeta} = \frac{A_n(\zeta)}{(1-\zeta)^{n+1}}.$$

D'où l'on déduit $A_n(\zeta) = \sum\limits_{j=0}^{n}j!S(n,\,j)\zeta^j(1-\zeta)^{n-j}$. En utilisant la formule du binôme de Newton pour $(1-\zeta)^{n-j}$, on a :

$$A_n(\zeta) = \sum_{j=0}^{n}\sum_{k=0}^{n-j}(-1)^k j!S(n,\,j)\binom{n-j}{k}\zeta^{k+j} = \sum_{m=0}^{n}\left[\sum_{j+k=m}(-1)^k j!\binom{n-j}{k}S(n,\,j)\right]\zeta^m.$$

Puisque $A_n(\zeta) = \sum\limits_{m=0}^{n}A(n,\,m)\zeta^m$, par identification, on obtient la relation (3.83a).

Supposant $|\zeta| < 1$, on voit que

$$A_n(\zeta) = (1-\zeta)^{n+1}\sum_{k\geq 0}k^n\zeta^k = \sum_{k\geq 0}\sum_{j=0}^{n+1}(-1)^j\binom{n+1}{j}k^n\zeta^{k+j}$$

$$= \sum_{m\geq 0}\left[\sum_{k+j=m}(-1)^j\binom{n+1}{j}k^n\right]\zeta^m.$$

D'où, par identification (en remarquant que $A_n(\zeta)$ est un polynôme de degré n), on obtient (3.83b). $\square$

Théorème 3.2.62. *Les polynômes Eulériens* $A_n(t)$ *vérifient les congruences suivantes :*

$$\frac{A_{rp^k+s}(\zeta)}{(1-\zeta)^{rp^k+s+1}} \equiv \frac{A_{rp^{k-1}+s}(\zeta)}{(1-\zeta)^{rp^{k-1}+s+1}} \quad (\text{mod } p^k), \tag{3.84}$$

avec $\zeta \in K$ *tel que* $|\zeta - 1| \geq 1$, *où* r, k *et* s *sont des entiers tels que* $(r, p) = 1$, $k \geq 1$ *et* $s \geq 0$.

Démonstration. Soit $\zeta \in K$ tel que $|1 - \zeta| \geq 1$.

Rappelons que $\|\mu_\zeta\| \leq 1$ avec égalité lorsque $|\zeta| \leq 1$ et $\|\mu_\zeta\| = \dfrac{1}{|\zeta|} < 1$, lorsque $|\zeta| > 1$.

La suite des moments $(m_{n,\zeta})_{n\geq 0}$ de la mesure μ_ζ vérifie donc la relation (2.1). Comme $m_{n,\zeta} = \dfrac{A_n(\zeta)}{(1-\zeta)^{n+1}}$ (Théorème 3.2.59), on obtient pour $(r, p) = 1$, $k \geq 1$ et $s \geq 0$:

$$m_{rp^k+s,\zeta} \equiv m_{rp^{k-1}+s,\zeta} \quad (\text{mod } p^k) \quad \text{c'est-à-dire}$$

$$\frac{A_{rp^k+s}(\zeta)}{(1-\zeta)^{rp^k+s+1}} \equiv \frac{A_{rp^{k-1}+s}(\zeta)}{(1-\zeta)^{rp^{k-1}+s+1}} \quad (\text{mod } p^k)$$

$\square$

BIBLIOGRAPHIE

[1] D. Barsky. Congruences sur les nombres de Genocchi de 2e espèce. *Groupe de travail d'analyse ultramétrique*, tome 7 − 8, exposé n° 34 : 1-13, (1979-1981).

[2] D. Barsky. Nombres de bell et analyse p-adique. *Séminaire Lotharingien de Combinatoire, Publication de l'IRMA de Strasbourg 182/S-04*, 5ème session, 1982, revu en décembre 1995.

[3] G. Christol. p-Adic Numbers and ultrametricity. In *From Number Theory to Physics*. M. Waldschmidt, P. Moussa, I.M. Luck, C. Itzykson, Springer Verlag Edition, (1992).

[4] L. Comtet. *Advanced in Combinatorics*. D. Reidel Publishing Company, P.O. Box 17, Dordrecht, Holland, First published in 1970 by Presses Universitaires de France, Paris.

[5] De Grande-De Kimpe N., Khrennikov A., Van Hamme L. The Fourier transform for p-adic tempered distributions. In *p-Adic Functional Analysis, edited by Kąkol J., De Grande-De Kimpe N., Perez Garcia C. Lect Notes Pure Appl Math* 207, pages 97–112. New York : Dekker, (1999).

[6] De Grande-De Kimpe N., Khrennikov A. Yu. The non-Archimedean Laplace Transform. *Bull Belg Math Soc*, 3 : p.225-237, 1996.

[7] B. Diarra. *Cours de DEA d'analyse p-adique*. Université de Bamako, Faculté des Sciences et Techniques Bamako, 1999-2000 et http : //math.univ-bpclermont.fr/Bertin Diarra.

[8] B. Diarra. Mesures p-adiques et séries formelles à coefficients bornés, preprint 2004.

[9] B. Diarra. Base de Mahler et autres. *Séminaire d'Analyse -Université Blaise Pascal*, (1994-1995) Exposé 16- MR, 98e : 46093.

[10] A. Escassut. *Analytic Elements in p-adic Analysis*. World Scientific Publishing Company, Singapore (1995).

[11] D. Foata. Les polynômes Eulériens, d'Euler à Carlitz. lu à la Conférence "Leonard Euler, mathématicien, physicien et théoricien de la musique", IRMA Strasbourg, november 15-16, 2007, X. Hascher and A. Papadopoulos, org., 18p.

[12] B. Crstici J. Sándor. *Handbook of Numer Theory II*, volume II. Kluwer Academic Publishers, P.O. Box 17, 3300 AA Dordrecht, The Netherlands., 2004.

[13] A. Junod. *Congruences par l'analyse p-adique et le calcul symbolique*. Thèse de Doctorat, Université de Neuchâtel, (2003).

[14] A. Junod. Congruences p-adiques pour une généralisation des polynômes d'Euler et de Bernoulli. *Bulletin de la Société Mathématique de Belgique, "p-adic numbers and numbers theory, analytic geometry and functional analysis"*, p.91-100, (2003).

[15] V. N. Kalyuzhnyi. p-Adic measures with given Laurent moments. *Translated from Ukrainskii Mathematicheskii Zhurnal*, vol. 38, $n°6$: p.788-792, 1986.

[16] A. K. Katsaras. Non-archimedean integration and strict topologie. *Contemporary Mathematics*, **384** (2005) : p. 111-143.

[17] M.-S. Kim. On Euler numbers, polynomials and related p-adic integrals. *Journal of Number Theory*, 129 :p. 2166–2179, 2009.

[18] Y. H. Kim and K. H. Park. On Some Arithmetical Properties of the Genocchi Numbers and Polynomials. *Advances in Difference Equations*, vol. 2008 :14 pages, 2008. Article ID 195049.

[19] N. Koblitz. *p-adic Numbers, p-adic Analysis and Zeta-Functions*. Springer-Verlag, New York-Heidelberg-Berlin, 1977.

[20] N. Koblitz. A new proof of certain formulas for p-adic L-functions. *Duke Mathematical journal*, 46 : p.455-468, juin 1979.

[21] N. Koblitz. *p-adic Analysis : a Short Course on Recent Work*. Cambridge University Press, Cambridge, 1980.

[22] S. Lang. *Cyclotomics fields-vol* 1. Springer-Verlag-GTM, New York-Heidelberg-Berlin, 1978.

[23] G. Liu. On congurences of Euler numbers modulo powers of two. *Journal of Number Theory*, 128(2008) :p.3063–3071.

[24] H. Maïga. Integrable functions for Bernoulli measures of rank 1. *Annales Mathématiques Blaise Pascal*, 17 :p. 349–363, 2010.

[25] H. Maïga. Some identities and congruences concerning Euler numbers and polynomials. *Journal of Number Theory*, (130) :1590–1601, (2010).

[26] A.F. Monna and T.A. Springer. Intégration non-archimédienne, I-II. *Indag. Math*, pages 624–642, 643–653, 25 (1963).

[27] Ju. V. Osipov. p-adic Fourier transform. *Uspekhi Mat. Nauk 34*, no. 5(209) : p.227-228, 1979.

[28] E. J. Moon, S. H. Rim, K. H. Park. On Genocchi Numbers and Polynomials. *Abstract and Applied Analysis*, vol. 2008, 2008. Article ID 898471, 7 pages.

[29] W. H. Schikhof. *Ultrametric calculus - An introduction to p-adic analysis*. Cambridge University Press, Cambridge, 1984.

[30] Zhi-Wei. Sun. On Euler numbers modulo powers of two. *Journal of Number Theory*, 115 : p.371-380, 2005.

[31] H. Tsumura. On some congruences for the Bell numbers and for the Stirling numbers. *Journal of Number Theory*, 38, p.206-211, 1991.

[32] V. Kurt., A. Dil. Investigating Fubini and Bell Polynomials with Euler-Seidel Algorithm. 18 Aug 2009. arXiv : 0908.2585v1 [math.NT].

[33] L. Van Hamme. The *p*-adic moment problem. In *p-adic Functionnal Analysis*. p.151-163, Editorial Universidad de Santiago, Chile, 1994.

[34] A.C.M. van Rooij. *Non-Archimedean Functional Analysis*. M. Dekker, New York and Basel, (1978).

[35] P. T. Young. Congruences for Bernoulli, Euler, and Stirling numbers. *Journal of Number Theory*, 78 : p.204-227, 1999.

[36] P. T. Young. A 2-adic formula for Bernoulli numbers of the second kind and for the Nürlund numbers. *Journal of Number Theory*, 128 : p.2951-2962, 2008.

MoreBooks!
publishing

mb!

Oui, je veux morebooks!

i want morebooks!

Buy your books fast and straightforward online - at one of world's fastest growing online book stores! Environmentally sound due to Print-on-Demand technologies.

Buy your books online at

www.get-morebooks.com

Achetez vos livres en ligne, vite et bien, sur l'une des librairies en ligne les plus performantes au monde!
En protégeant nos ressources et notre environnement grâce à l'impression à la demande.

La librairie en ligne pour acheter plus vite

www.morebooks.fr

VSG

VDM Verlagsservicegesellschaft mbH
Heinrich-Böcking-Str. 6-8   Telefon: +49 681 3720 174   info@vdm-vsg.de
D - 66121 Saarbrücken   Telefax: +49 681 3720 1749   www.vdm-vsg.de

www.ingramcontent.com/pod-product-compliance
Lightning Source LLC
Chambersburg PA
CBHW021105210326
41598CB00016B/1342